津波防災地域づくり法
ハンドブック

編集◎大成出版社編集部

大成出版社

目　次

津波防災地域づくり法ハンドブック　目次

はじめに　東日本大震災とその対応について………………………………………1
第1章　「津波防災地域づくり法」について……………………………………5
　1－1　「多重防御」の考え方……………………………………………………5
　1－2　法の制定……………………………………………………………………11
　1－3　法の目的……………………………………………………………………13
　1－4　津波防災地域づくりの推進に関する基本的な指針……………………14
第2章　基礎調査・津波浸水想定・推進計画……………………………………16
　2－1　基礎調査……………………………………………………………………16
　2－2　津波浸水想定の設定………………………………………………………17
　2－3　推進計画……………………………………………………………………19
第3章　推進計画区域における特別の措置………………………………………23
　3－1　津波防災住宅等建設区……………………………………………………23
　3－2　津波避難建築物の容積率の特例…………………………………………25
　3－3　集団移転促進事業の特例…………………………………………………27
　3－4　一団地の津波防災拠点市街地形成施設…………………………………28
第4章　津波防護施設等……………………………………………………………32
　4－1　津波防護施設とは…………………………………………………………32
　4－2　指定津波防護施設…………………………………………………………34
第5章　津波災害警戒区域、津波災害特別警戒区域……………………………37
　5－1　警戒区域及び特別警戒区域の位置づけ…………………………………37
　5－2　警戒区域（イエローゾーン）……………………………………………40
　5－3　特別警戒区域（オレンジ・レッドゾーン）……………………………43
　5－4　警戒区域及び特別警戒区域の指定後の対応……………………………46
第6章　その他の規定等……………………………………………………………47
　6－1　土地取引の監視……………………………………………………………47
　6－2　地籍調査の推進に資する調査……………………………………………48

目　次

6－3　整備法の概要……………………………………………49
第7章　津波防災地域づくりによる被災地復興への支援………50
　7－1　復興特区法との関係……………………………………50
　7－2　復興関連税制措置………………………………………52

参考資料

　参考1　法律、政令等…………………………………………54
　●津波防災地域づくりに関する法律〔平成23年12月14日法律第123
　　号〕……………………………………………………………54
　○津波防災地域づくりに関する法律施行令〔平成23年12月26日政令
　　第426号〕………………………………………………………91
　○津波防災地域づくりに関する法律施行規則〔平成23年12月26日国
　　土交通省令第99号〕……………………………………………96
　○津波防災地域づくりに関する法律の施行期日を定める政令〔平成
　　23年12月26日政令第425号〕…………………………………118
　●津波防災地域づくりに関する法律の施行に伴う関係法律の整備等
　　に関する法律〔平成23年12月14日法律第124号〕…………119
　○津波防災地域づくりに関する法律及び津波防災地域づくりに関す
　　る法律の施行に伴う関係法律の整備等に関する法律の施行に伴う
　　関係政令の整備に関する政令〔平成23年12月26日政令第427号〕…………125
　参考2　緊急提言…………………………………………………129
　○「津波防災まちづくりの考え方」〔平成23年7月6日社会資本整
　　備審議会・交通政策審議会交通体系分科会計画部会　緊急提言〕…………129
　参考3　基本指針等………………………………………………138
　○津波防災地域づくりの推進に関する基本的な指針〔平成24年1月
　　16日国土交通省告示第51号〕…………………………………138
　○津波浸水想定を設定する際に想定した津波に対して安全な構造方
　　法等を定める件〔平成23年12月27日国土交通省告示第1318号〕…………153

はじめに　　東日本大震災とその対応について

　平成23年3月11日（金）14時46分、三陸沖を震源域として発生したモーメントマグニチュードMw9.0の巨大地震（平成23年東北地方太平洋沖地震）は、東日本各地域の沿岸域に大津波をもたらし、死者15,841名、行方不明3,485名（平成23年12月13日現在）という、未曾有の大災害となった。
　政府の中央防災会議が設置した「東北地方太平洋沖地震を教訓とした地震・津波対策に関する専門調査会」が平成23年9月28日に取りまとめた報告によると、「今回の地震・津波被害の特徴と検証」として、以下の3点をあげている。
　①巨大な地震・津波による甚大な人的・物的被害が発生
　②想定できなかったM9.0の巨大な地震
　③実際と大きくかけ離れていた従前の想定 ／ 海岸保全施設等に過度に依存した防災対策 ／ 実現象を下回った津波警報など
　我が国は四方を海に囲まれた国土を有し、39都道府県が海に面しており、過去、何度も大きな津波災害に見舞われてきたという歴史をもつ。東日本大震災の辛い経験と厳しい教訓を踏まえて、③にあるとおり、これまでの津波防災対策を真摯に見直し、真に津波災害に強い国土、地域づくりを進めることが求められている。
　特に、東海・東南海・南海地震など津波を伴う大規模地震の発生が高い確率で予想されているが、これらの地域は我が国の人口・産業の集中地であり、ひとたび津波災害が発生すれば人的・経済的被害は甚大になる可能性が高いことから、被災地以外の地域においても津波災害に強い地域づくりを早急に進める必要がある。
　東日本大震災の教訓は、「低頻度大規模災害」にどう備えるか、ということである。海岸堤防等の海岸保全施設などハードな施設による防災対策は、一定の頻度で想定される災害に対して、人命保護、住民財産の保護、地域経済活動の安定化等の観点から計画され設置されてきた。しかし、東日本大震災のよう

はじめに　東日本大震災とその対応について

に、発生頻度は極めて低いものの、甚大な被害をもたらす最大クラスの津波に対して、なんとしても人命を守るためには、どのような対策をとるべきか、これが、大震災後、政府に突きつけられた課題であった。

　この間、政府の中央防災会議、復興構想会議等においても、上記の問題意識から様々な議論がなされたが、そうした議論と並行して、国土交通省では審議会（社会資本整備審議会・交通政策審議会の合同計画部会）が平成23年7月6日に「津波防災まちづくりに関する緊急提言」を国土交通大臣に提出した。詳細は本書第1章で紹介するが、「災害に上限なし」との認識のもと、低頻度大規模災害に対しても「なんとしても人命を守る」ために、「ハード・ソフトの施策を総動員」する「多重防御」を津波防災・減災対策の基本とする、という内容であった。津波防災・減災対策を、従来の防災行政の枠を超えて、地域づくり・まちづくりの中で展開する、ということである。

　上記提言は、政府の「復興基本方針」にも明確に位置づけられた。それを踏まえ、国土交通省は、「津波防災地域づくりに関する法律案」を第179回国会

図0-1　津波防災地域づくりに関する法律の概要

将来起こりうる津波災害の防止・軽減のため、全国で活用可能な一般的な制度を創設し、ハード・ソフトの施策を組み合わせた「多重防御」による「**津波防災地域づくり**」を推進。

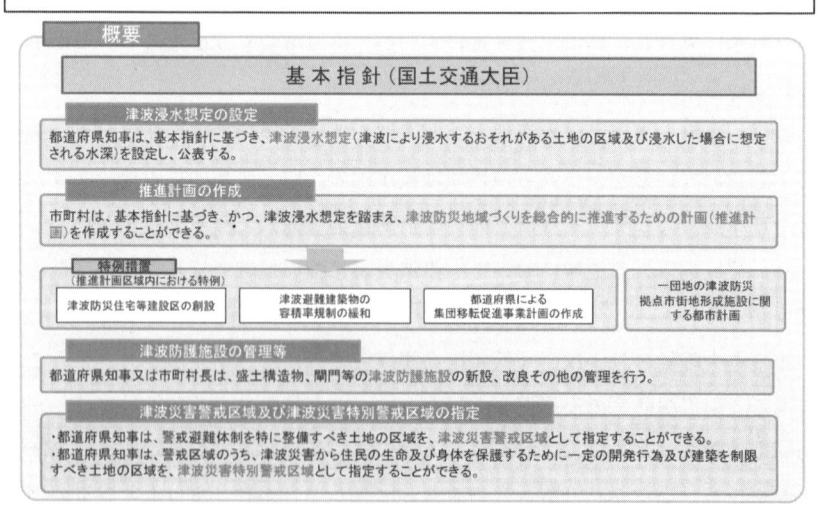

【概要】

基本指針（国土交通大臣）

津波浸水想定の設定
都道府県知事は、基本指針に基づき、津波浸水想定（津波により浸水するおそれがある土地の区域及び浸水した場合に想定される水深）を設定し、公表する。

推進計画の作成
市町村は、基本指針に基づき、かつ、津波浸水想定を踏まえ、津波防災地域づくりを総合的に推進するための計画（推進計画）を作成することができる。

特例措置（推進計画区域内における特例）
・津波防災住宅等建設区の創設
・津波避難建築物の容積率規制の緩和
・都道府県による集団移転促進事業計画の作成
・一団地の津波防災拠点市街地形成施設に関する都市計画

津波防護施設の管理等
都道府県知事又は市町村長は、盛土構造物、閘門等の津波防護施設の新設、改良その他の管理を行う。

津波災害警戒区域及び津波災害特別警戒区域の指定
・都道府県知事は、警戒避難体制を特に整備すべき土地の区域を、津波災害警戒区域として指定することができる。
・都道府県知事は、警戒区域のうち、津波災害から住民の生命及び身体を保護するために一定の開発行為及び建築を制限すべき土地の区域を、津波災害特別警戒区域として指定することができる。

はじめに　東日本大震災とその対応について

（臨時国会）に提出。平成23年12月7日に全会一致で成立、一部の規定を除き、12月27日に施行された。

「津波防災地域づくりに関する法律」（以下本書では「法」とよぶ）は、図０－１にあるとおり、国土交通大臣による基本指針の策定、都道府県知事による津波浸水想定の設定を踏まえ、ハード・ソフトの施策を総動員した「推進計画」を、市町村が地域づくりの一環として作成、それを国・都道府県、官民が連携して様々に支援する仕組みを構築したもので、東日本大震災の被災地における復興に寄与するだけではなく、全国で、津波災害に強い地域づくりを進める上で効果的な対策を盛り込んだものである。

なお、法とあわせて、図０－２のとおり、関係法律の整備等も行っている。

法は、東日本大震災の被災地の復興という観点から、将来にわたって安心して暮らすことのできる津波災害に強い地域づくりを進める上で役立つものであり、それとともに、津波災害が想定される全国において、津波災害への備えを、地域づくり・まちづくりの観点から推進することに資するものである。

本書は、従来の「解説本」とは異なり、全国各地で津波防災地域づくりに関

図０－２　津波防災地域づくりに関する法律の施行に伴う関係法律の整備等に関する法律の概要

【概要】

■ 関係法律の規定の整備
○津波防災地域づくりに関する法律において津波防護施設を位置づけることに伴い、関係規定を整備する（津波防護施設を収用適格事業に追加等）。
○津波防災地域づくりに関する法律において津波災害警戒区域及び津波災害特別警戒区域に係る規定を設けることに伴い、関係規定を整備する（特別警戒区域内の開発許可の許可に係る特例等）。
○その他所要の規定の整備（都市施設に一団地の津波防災拠点市街地形成施設を追加等）。

水防法、建築基準法、土地収用法、都市計画法等の改正

■ 法の施行に伴う津波災害対策等の強化のためのその他の措置
○水防法の目的等の規定において「津波」を明確化する。
○水防計画について、津波の発生時の水防活動等危険を伴う水防活動に従事する者の安全の確保が図られるように配慮されたものでなければならないこととする。
○国土交通大臣は、著しく激甚な水災が発生した場合において、水防上緊急を要すると認めるときは、洪水、津波又は高潮により浸入した水の排除等の特定緊急水防活動を行うことができることとする。
○その他所要の規定の整備。

水防法等の改正

3

はじめに　東日本大震災とその対応について

わる多くの関係者が、法を最大限に活用できるよう、できるだけ実践的な観点から、わかりやすく制度や事業の説明を行ったものである。

第1章　「津波防災地域づくり法」について

1-1　「多重防御」の考え方

(1)　審議会緊急提言

　東日本大震災発生から2か月余りがたった平成23年5月18日、国土交通省で社会資本整備審議会・交通政策審議会の合同計画部会が開催された。同部会では、今後の社会資本整備のあり方について震災前から審議を行っていたが、震災後初の会合となったこの日、大畠国土交通大臣（当時）が部会に出席し、委員に対し次のような発言・要請を行った。

　「3月11日の大震災を受けて、これまでの発想を超えて、災害に強い国土づくりを進める必要があると認識している。特に、首都直下地震、東海・東南海・南海地震等の発生が懸念されること、また被災地においても、津波災害に強い地域づくりという観点から復興を進めなければならないことから、津波防災地域づくり・まちづくりの基本的な考え方を早急に取りまとめる必要があり、本部会において、できるだけ早期に方向性を提示していただきたい。」

　これを受けて、同部会では、平成23年7月6日に「津波防災まちづくりの考え方」と題する緊急提言を国土交通大臣に提出した（「参考2」参照）。そのエッセンスは、以下の通り要約される。（図1-1）

①津波災害に対しては、今回のような大規模な津波災害が発生した場合でも、「なんとしても人命を守る」という考え方に基づき、ハード・ソフト施策の適切な組み合わせにより、減災（人命を守りつつ、被害を出来る限り軽減する）のための対策を実施する。

②このうち、海岸保全施設等の構造物による防災対策については、社会経済的な観点を十分に考慮し、比較的頻度の高い一定程度の津波レベルを想定して、

第1章 「津波防災地域づくり法」について

人命・財産や種々の産業・経済活動を守り、国土を保全することを目標とする。
③以下のような新たな発想による津波防災地域づくり・まちづくりのための施策を計画的、総合的に推進する仕組みを構築する。
　1）地域ごとの特性を踏まえ、ハード・ソフトの施策を柔軟に組み合わせ、総動員させる「多重防御」の発想による津波防災・減災対策。
　2）従来の、海岸保全施設等の「線」による防御から、「面」の発想により、河川、道路や、土地利用規制等を組み合わせたまちづくりの中での津波防災・減災対策。
　3）避難が迅速かつ安全に行われるための、実効性のある対策。
　4）地域住民の生活基盤となっている産業や都市機能、コミュニティ・商店街、さらには歴史・文化・伝統などを生かしつつ、津波のリスクと共存することで、地域の再生・活性化を目指す。

また、具体的に、ハード・ソフトの対策として、緊急提言は、「土地利用・

図1－1　社会資本整備審議会・交通政策審議会計画部会緊急提言概要

今後の津波防災・減災についての考え方

基本姿勢
○ 今回のような大規模な災害を想定し、「なんとしても人命を守る」という考え方により、ハード、ソフト施策を総動員して「減災」を目指す。
○ また、「災害に上限はない」ことを今回の教訓とし、日常の対策を持続させる。

新しい発想による防災・減災対策
○ 防波堤・防潮堤による「一線防御」からハード・ソフト施策の総動員による「多重防御」への転換。
○ 平地を利用したまちづくりを求める意見も多い。土地利用規制について、一律的な規制でなく、立地場所の安全度等を踏まえ、地域の多様な実態・ニーズや施設整備の進ちょく状況等を反映させた柔軟な制度を構築。

（参考：施策のイメージ）
・防波堤・防潮堤等の復旧・整備
・市街地の整備・集団移転
・土地利用・建築規制
［海岸部において避難ビルの整備、居室の高層化　等］
・ハザードマップの作成
・避難路・避難場所の確保

避難路　避難タワー

○ 二線堤等の「津波防護施設(仮称)」や、地域の実情、安全度等を踏まえた土地利用・建築構造規制など、新たな法制度の検討
○ 現在見直しを行っている社会資本整備重点計画への反映

（国土交通省資料）

建築構造規制」「津波防災のための施設の整備」等をあげている。さらに、提言の中でも重要な部分として、高台への移転に加え「暮らしを元に戻すために平地を利用したまちづくりを求める意見も多い」とした上で、地域コミュニティ・商店街や歴史・伝統・文化などを大切にしつつ、生活基盤となる住居や地域の産業、都市機能等が確保され、地域の再生と活性化が展望できるまちづくりを進めるために、「公共公益施設・生活利便施設・交通インフラを含む市街地の整備（復興を先導する拠点的な市街地の整備）」「土地区画整理事業等における街区の嵩上げ」「避難路、避難場所等の計画的確保」などを推進する枠組みを整備することを求めている。

　これまで津波対策については、一定頻度の津波レベルを想定し、主に海岸堤防などのハードを中心とした対策を行ってきた。もちろん、これまでも「ハード・ソフト一体となった総合防災対策」の重要性は指摘されてきたが、そのイメージを端的に示したものが図1－2である。

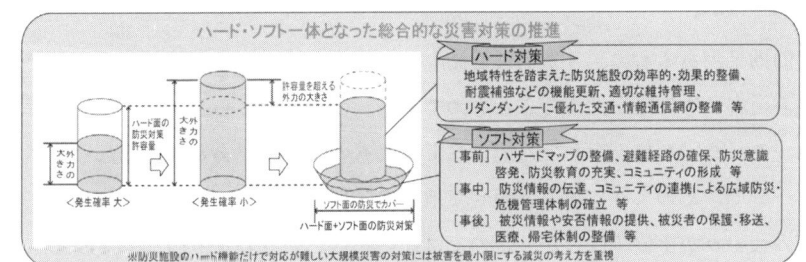

図1－2　これまでの「ハード・ソフト一体の考え方」

（国土交通省資料）

　図1－2は、平成18年の国土審議会に提出された資料にあるものだが、ハードな対策でカバーしきれない超過部分をソフト対策が担うようなイメージで書かれている。これに対し、平成23年5月18日に開催された計画部会では、図1－3が紹介された。

　図1－3は、津波防災に資する様々な施策・対策を、ハード（上）とソフト（下）、減災（左）と事前の備え（右）という軸で整理したものである。ちなみに、ここでいう「減災」とは、津波による被害を軽減することに何らかの直

第1章 「津波防災地域づくり法」について

図1−3　津波防災地域・まちづくりに関連する手法のイメージ

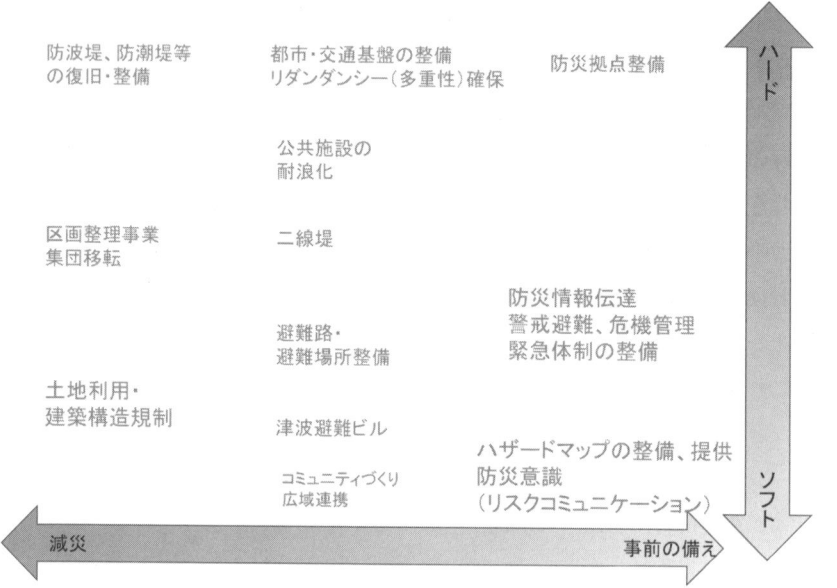

防波堤、防潮堤等の復旧・整備	都市・交通基盤の整備 リダンダンシー（多重性）確保	防災拠点整備
	公共施設の耐浪化	
区画整理事業 集団移転	二線堤	
	避難路・避難場所整備	防災情報伝達 警戒避難、危機管理 緊急体制の整備
土地利用・建築構造規制	津波避難ビル	
	コミュニティづくり 広域連携	ハザードマップの整備、提供 防災意識 （リスクコミュニケーション）

縦軸：ハード ↔ ソフト
横軸：減災 ↔ 事前の備え

（国土交通省資料）

接的効果があるもの、「事前の備え」は、災害全般に関する備えをする中で、津波災害にも効果が期待できるものである。ここに掲げられている施策・対策は、これまでも様々な形で対応されてきたものばかりであるが、これらをパッケージで、どのように組み合わせて地域の防災力を強化するか、というトータルの仕組みが十分ではなかったのではないか、というのが計画部会での基本認識であった。「多重防御」は、これらの施策・対策を戦略的にマネジメントするものであると説明された。

　これまで、一定の頻度で想定される津波災害に対して、図1−2のような考え方で対応してきたが、緊急提言は、東日本大震災のような低頻度ではあるが大規模な津波災害に対しては、「災害には上限がない」ことを教訓に、図1−3が示すようなハード・ソフトの様々な施策・対策を、地域の特性を活かしつつ総合的に組み合わせて実施していくという減災の考え方を明確にしたものである。従来の海岸堤防等を中心とする対策を仮に「一線防御」と呼ぶとすると、

1-1 「多重防御」の考え方

提言で示された多様な減災対策の組み合わせが、まさに「多重防御」と呼べるものといえる。

(2) 中央防災会議

一方、政府の中央防災会議は「東北地方太平洋沖地震を教訓とした地震・津波対策に関する専門調査会」を設置、平成23年6月26日に、中間とりまとめ及び提言「今後の津波防災対策の基本的考え方について」が公表された（最終報告は同年9月28日）。その中で、津波対策を構築するにあたってのこれからの想定津波の考え方について、今後、二つのレベルの津波を想定するとしている。（図1-4）

図1-4の「頻度の高い津波」が、これまで海岸保全施設等の建設を行う上で想定していたもの。海岸保全施設等は、人命保護に加え、住民財産の保護、地域の経済活動の安定化、効率的な生産拠点の確保という観点から建設されるもので、比較的頻度の高い一定程度の津波高を想定して、引き続き整備を進めていくことを基本とすべきである、としている。なお、設計津波高を超えても、

図1-4　津波対策を構築するにあたって想定すべき津波レベルと対策の基本的考え方

頻度の高い津波

津波レベル：　**発生頻度は高く、津波高は低いものの大きな被害をもたらす津波**
　　住民財産の保護、地域経済の安定化、効率的な生産拠点の確保の観点から、海岸保全施設等を整備

基本的考え方：　海岸保全施設等については、引き続き,発生頻度の高い一定程度の津波高に対して整備を進めるとともに、設計対象の津波高を超えた場合でも、施設の効果が粘り強く発揮できるような構造物の技術開発を進め、整備していく。

最大クラスの津波

津波レベル：　**発生頻度は極めて低いものの、発生すれば甚大な被害をもたらす津波**
　　住民等の生命を守ることを最優先とし、住民の避難を軸に、とりうる手段を尽くした総合的な津波対策を確立

基本的考え方：　被害の最小化を主眼とする「減災」の考え方に基づき、対策を講ずることが重要である。そのため、海岸保全施設等のハード対策によって津波による被害をできるだけ軽減するとともに、それを超える津波に対しては、ハザードマップの整備など、避難することを中心とするソフト対策を重視しなければならない。

中央防災会議「東北地方太平洋沖地震を教訓とした地震・津波対策に関する専門調査会」報告（平成23年9月28日）より作成

第1章 「津波防災地域づくり法」について

施設の効果が粘り強く発揮できるような構造物の技術開発を進め、整備していく必要があることも特記されている。

これに対し、今後の津波防災対策は、発生頻度が非常に低いものであっても、東日本大震災のような「最大クラスの津波」を想定して、様々な施策を講じるよう検討していく必要がある、としている。しかし、このような津波高に対して、海岸保全施設等の整備の対象とする津波高を大幅に高くすることは現実的ではないことから、土地利用、避難施設、防災施設の整備などのハード・ソフトのとりうる手段を尽くした総合的な津波対策の確立が急務である、としている。この部分は、計画部会緊急提言の「多重防御」に通じるものであるといえる。

(3) 復興構想会議提言・復興基本方針等

計画部会が前述のような提言に向けた検討を行っていたとき、政府の「東日本大震災復興構想会議」においても、同様の問題意識で議論がなされ、平成23年6月25日に提言「復興への提言〜悲惨のなかの希望」が取りまとめられた。その中で、津波防災に関して、以下のように記述されている。

「今後の津波対策は、これまでの防波堤・防潮堤等の「線」による防御から、河川、道路、まちづくりも含めた「面」による「多重防御」への転換が必要である。このため、既存の枠組みにとらわれない総合的な対策を進めなければならない。（中略）ハード・ソフトの施策を総動員し、地域づくり全体で津波に対する安全を確保するための制度を検討しなければならない。」

また、政府としても、平成23年6月24日に東日本大震災復興基本法（以下「復興基本法」）が施行され、それに基づき東日本大震災復興対策本部（本部長は内閣総理大臣、全閣僚等が本部員）が設置される。復興基本法に基づく「東日本大震災からの復興の基本方針」は7月29日に決定された。同基本方針には、津波防災について、以下のように記述されている。

「津波災害に対しては、たとえ被災したとしても人命が失われないことを最重視し、災害時の被害を最小化する「減災」の考え方に基づき、「逃げる」こ

とを前提とした地域づくりを基本に、地域ごとの特性を踏まえ、ハード・ソフトの施策を組み合わせた「多重防御」による「津波防災まちづくり」を推進する。(中略)津波災害に強い地域づくりを推進するにあたっては、今回の大震災からの復興のみならず、将来起こりうる災害からの復興にも役立つよう、全国で活用可能な一般的な制度を創設する。このため、社会資本整備審議会・交通政策審議会計画部会の緊急提言（平成23年7月6日）を踏まえ、ハード・ソフトの施策を組み合わせた「多重防御」による「津波防災まちづくり制度」を、早急に具体化する。」

なお、平成23年12月27日開催された中央防災会議において、防災基本計画が修正された。従来なかった「第3編　津波災害対策編」が新設され、その中にも、「多重防御」に通じる以下のような記述がある。

「最大クラスの津波に対しては，住民等の生命を守ることを最優先として，住民等の避難を軸に，そのための住民の防災意識の向上及び海岸保全施設等の整備，浸水を防止する機能を有する交通インフラなどの活用，土地のかさ上げ，避難場所・津波避難ビル等や避難路・避難階段の整備・確保などの警戒避難体制の整備，津波浸水想定を踏まえた土地利用・建築規制などを組み合わせるとともに，臨海部の産業・物流機能への被害軽減など，地域の状況に応じた総合的な対策を講じるものとする。」

1－2　法の制定

上記の計画部会緊急提言、復興基本方針等を踏まえ、国土交通省において法制度の検討を関係部局が連携して集中的に行い、「津波防災地域づくりに関する法律案」及び「津波防災地域づくりに関する法律の施行に伴う関係法律の整備等に関する法律案」が平成23年10月28日に閣議決定され、第179国会（臨時国会）に提出された。

両法案の提出理由は以下の通りである。

○津波防災地域づくりに関する法律案

第 1 章　「津波防災地域づくり法」について

　「津波による災害を防止し、又は軽減する効果が高く、将来にわたって安心して暮らすことのできる安全な地域の整備、利用及び保全を総合的に推進することにより、津波による災害から国民の生命、身体及び財産の保護を図るため、国土交通大臣による基本指針の策定、市町村による推進計画の作成、推進計画区域における特別の措置及び一団地の津波防災拠点市街地形成施設に関する都市計画に関する事項について定めるとともに、津波防護施設の管理、津波災害警戒区域における警戒避難体制の整備並びに津波災害特別警戒区域における一定の開発行為及び建築物の建築等の制限に関する措置等について定める必要がある。これが、この法律案を提出する理由である。」
○津波防災地域づくりに関する法律の施行に伴う関係法律の整備等に関する法律案
　「津波防災地域づくりに関する法律の施行に伴い、国土交通大臣が洪水、津波又は高潮による著しく激甚な災害が発生した場合において浸入した水の排除等の特定緊急水防活動を行うことができることとする等関係法律の規定の整備等を行う必要がある。これが、この法律案を提出する理由である。」
　両法案は衆議院・参議院での審議を経て、12月7日、全会一致をもって成立。12月27日に一部の規定を除き施行された。法において国土交通大臣が定めることとされている「津波防災地域づくりの推進に関する基本的な指針（基本指針）」も、同日、社会資本整備審議会の意見を聴いて決定された。この日の記者会見で、前田国土交通大臣は次のように発言している。
　「12月7日に成立した『津波防災地域づくりに関する法律』が本日から施行されることになりました。また、この法律に基づき、国土交通大臣が定める基本指針についても、先ほど社会資本整備審議会からご意見をいただき、決定をいたしました。3月11日の大震災があった本年中に、なんとか津波防災の新たな枠組みを作ることができたと思います。今後は、全国において津波防災地域づくりを推進していくわけでございます。『災害には上限がない』『なんとしても人命を守る』という基本的な哲学をベースにして、地方公共団体との連携を密にしながら、ハード・ソフトの施策を総動員して進めてまいります。」

なお、法に先立ち、「津波対策の推進に関する法律（以下「津波対策推進法」）」が議員立法により成立し、平成23年6月24日に公布・施行されている。津波対策推進法は、津波対策を総合的かつ効果的に推進するために、幅広い施策の実施について、政府や地方公共団体の努力義務を定めたものであり、津波対策に関する基本法、理念法的性格を有するものである。一方で、法はハード・ソフトの両面から津波対策推進法の理念を確実に実施するための具体的な施策や制度を定めたものである。

　また、法とほぼ同時に成立した「東日本大震災復興特別区域法（以下「復興特区法」）」は、被災地域において、東日本大震災からの復興を円滑かつ迅速に進めるための措置を定めたものである。これに対し、法は、ハード・ソフトの施策を総動員し、被災地に限らず全国において、多重防御による津波防災地域づくりを推進するための措置を定めている。ただし、復興特区法によって創設された「復興交付金」は、法が定める「一団地の津波防災拠点市街地形成施設」を前提とした津波復興拠点整備事業を対象に含んでいる。さらに、復興特区法の復興整備計画の区域内において適用される津波避難建築物の容積率規制の緩和及び津波防護施設に係る制度も、法の規定が前提となっており、被災地の復興という観点からは、両法が一体的に運用される必要があるものである。

1－3　法の目的

　法第1条にあるとおり、法は、津波防災地域づくりを総合的に推進することにより、津波による災害から国民の生命、身体及び財産の保護を図り、もって公共の福祉の確保及び地域社会の健全な発展に寄与することを目的としている。

　「公共の福祉の確保」は、災害対策基本法、大規模地震対策特別措置法、土砂災害警戒区域等における土砂災害防止対策の推進に関する法律等に同様な規定がある。いずれも国民の生命、身体の保護を保護法益としている法律である。法においても、各種施策が適正に実施されることにより、津波による災害が防止又は軽減され、その結果として公共の福祉が確保されることが期待されてい

第1章 「津波防災地域づくり法」について

るものである。
　また、津波防災地域づくりは、将来の津波による災害への取組として、持続的に行わなければならないが、持続的な取組を実現するためには、住民の生活の安定及び福祉の向上並びに地域経済の活性化等を阻害しない健全な地域社会の発展に寄与する津波防災地域づくりでなければならない。よって、法においては「地域社会の健全な発展」に寄与することを目的とするとともに、これを具体化するために、津波防災住宅等建設区の創設、一団地の津波防災拠点市街地形成施設に関する都市計画等の措置を講じているものである。
　なお、法第1条に書かれている「津波による災害」は、国民の生命、身体及び財産への被害を広く指している。法全体の目的は、「津波による災害」からの被害を軽減することであるが、法第7章から第9章に規定されている津波災害警戒区域制度による警戒避難体制の整備や津波防護施設については、最大規模の津波に対して「人命」を守ることを主たる目的とするものであることから、条文上は、「津波による人的災害」という表現が使われており、財産等への被害は含まれていないことに注意を要する。

1－4　津波防災地域づくりの推進に関する基本的な指針

　法が施行された平成23年12月27日、国土交通省では社会資本整備審議会計画部会及び河川分科会合同会議が開催され、同審議会での議論を経て、法第3条第1項に基づく「津波防災地域づくりの推進に関する基本的な指針」を、国土交通大臣が定め公表した（官報への掲載は、平成24年1月16日国土交通省告示第51号。全文は「参考3」。）。
　基本指針においては、最大クラスの津波が発生した場合でも「なんとしても人命を守る」という考え方で、ハード・ソフトの施策を総動員させる「多重防御」の発想によって津波防災地域づくりを推進することが、基本理念として明示された。概要は図1－5の通りである。

1－4 津波防災地域づくりの推進に関する基本的な指針

図1－5 基本指針の概要

基本指針とは
津波防災地域づくりを総合的に推進するための基本的な指針として国土交通大臣が定める。

記載事項

1. 津波防災地域づくりの推進に関する基本的な事項
- 東日本大震災の経験や津波対策推進法を踏まえた対応
- 最大クラスの津波が発生した際も「なんとしても人命を守る」
- ハード・ソフトの施策を総動員させる「多重防御」
- 地域活性化も含めた総合的な地域づくりの中で効果的に推進
- 津波に対する住民等の意識を常に高く保つよう努力
- ハード事業と警戒区域の指定等のソフト施策を効果的に連携
- 効率性を考えた津波防護施設の整備
- 防災と生活の利便性を備えた市街地の形成
- 民間施設も活用して避難施設を効率的に確保
- 記載する事業等の関係者とは、協議会も活用して十分に調整
- 対策に必要な期間を考慮して将来の危機に対し効果的に対応

2. 基礎調査について指針となるべき事項
- 津波対策の基礎となる津波浸水想定の設定等のための調査
- 都道府県が、国・市町村と連携・協力して計画的に実施
- 海域・陸域の地形、過去に発生した地震・津波に係る地質等、土地利用の状況等を調査
- 広域的な見地から必要なもの(航空レーザ測量等)については国が実施

3. 津波浸水想定の設定について指針となるべき事項
- 都道府県知事が、最大クラスの津波を想定し、悪条件下を前提に浸水の区域及び水深を設定
- 津波浸水シミュレーションに必要な断層モデルは、中央防災会議等の検討結果を参考に国が提示
- 中央防災会議等で断層モデルが検討されていない海域でも、今後、過去の津波の痕跡調査等を実施し、逆算して断層モデルを設定
- 広報、印刷物配布、インターネット等により、住民等に十分周知

4. 推進計画の作成について指針となるべき事項
- 市町村が、ハード・ソフトの施策を組み合わせ、津波防災地域づくりの姿を地域の実情に応じて総合的に描く
- 既存のまちづくりに関する方針等との整合性を図る

5. 警戒区域・特別警戒区域の指定について指針となるべき事項

〈津波災害警戒区域〉
- 住民等が津波から「逃げる」ことができるよう警戒避難体制を特に整備するため、都道府県知事が指定する区域
- 避難施設や特別警戒区域内の制限用途の建築物に制限を加える際の基準となる水位(基準水位)の公示
- 警戒区域内で市町村が以下を措置。
  - 実践的な内容を盛り込んだ市町村防災計画の作成・避難訓練の実施
  - 住民の協力等による津波ハザードマップの作成・周知
  - 指定・管理協定により、地域の実情に応じて避難施設を確保
  - 社会福祉施設等で避難確保計画の作成・避難訓練の実施

〈津波災害特別警戒区域〉
- 防災上の配慮を要する者等が建築物の中に居ても津波を「避ける」ことができるよう、都道府県知事が指定する区域
- 生命・身体に著しい危害が生ずる恐れがあり、一定の建築行為・開発行為を制限すべき区域を指定
- 指定の際には、公衆への縦覧、関係市町村の意見聴取等により、地域の実情を勘案し、地域住民の理解を深めつつ実施

(国土交通省資料)

第2章 基礎調査・津波浸水想定・推進計画

2－1 基礎調査

　都道府県知事は、基本指針に基づき、かつ、基礎調査の結果を踏まえて、津波浸水想定（津波があった場合に想定される浸水の区域及び水深をいう。）を設定し、公表する旨が定められている（法第8条第1項）。この浸水想定が、法に規定する各種施策の出発点になっている。

　まず、都道府県は、基本指針に基づき、津波浸水想定を設定又は変更のために必要な調査として、津波による災害の発生するおそれがある沿岸の陸域及び海域に関する地形、地質、土地利用の状況その他の事項に関する調査を行うこととしている（法第6条第1項）。

　また、国土交通大臣は、都道府県に対して情報の提供、技術的な助言、その他必要な援助を行うため、広域的な見地から必要とされる地形、地質等に関する調査を行うものとし、調査の結果について関係都道府県に通知するものとしている（法第6条第3項）。

　基本指針は、「都道府県が基礎調査を実施するに当たっては、津波による災害の発生のおそれがある地域のうち、過去に津波による災害が発生した地域等について優先的に調査を行うなど、計画的な調査の実施に努める。」としている。また、調査を実施するに当たっては、「津波災害関連情報を有する国及び地域開発の動向をより詳細に把握する市町村の関係部局との連携・協力体制を強化することが重要」としている。

　津波による災害の発生のおそれがある地域について必要な調査は、以下の通り。

ア　海域、陸域の地形に関する調査
　津波が波源域から海上及び陸上へどのような挙動で伝播するかについて、

適切に津波浸水シミュレーションで予測をするため、海底及び陸上の地形データの調査を実施する。
イ　過去に発生した地震・津波に係る地質等に関する調査
　最大クラスの津波を想定するためには、被害をもたらした過去の津波の履歴を可能な限り把握することが重要であることから、都道府県において、津波高に関する文献調査、痕跡調査、津波堆積物調査等を実施する。
ウ　土地利用等に関する調査
　陸上に浸水した津波が、市街地等の建築物等により阻害影響を受ける挙動を、建物の立地など土地利用の状況に応じた粗度として表現し、津波浸水シミュレーションを行うため、都道府県において、土地利用の状況について調査を行う。

2－2　津波浸水想定の設定

　都道府県知事は、基本指針に基づき、かつ基礎調査の結果を踏まえ、津波浸水想定を定めることとしており、都道府県知事は、当該津波浸水想定を踏まえて推進計画を定めるとともに、津波災害警戒区域や津波災害特別警戒区域を指定することとなる。
　津波浸水想定を設定又は変更するにあたっては、高度な知見を要することとなるため、都道府県知事は国土交通大臣に対して、必要な情報の提供、技術的な助言その他の援助を求めることができることとしている（法第8条第2項）。
　基本指針は、津波浸水想定の設定は、基礎調査の結果を踏まえ、「最大クラスの津波を想定して、その津波があった場合に想定される浸水の区域及び水深を設定するもの」としている。最大クラスの津波を発生させる地震としては、日本海溝・千島海溝や南海トラフを震源とする地震などの海溝型巨大地震があり、例えば、東北地方太平洋沖地震が該当する。これらの地震によって発生する最大クラスの津波は、国の中央防災会議等により公表された津波の断層モデルも参考にして設定する。

第2章　基礎調査・津波浸水想定・推進計画

　津波浸水想定により設定された浸水の区域（以下「浸水想定区域」）においては、「なんとしても人命を守る」という、計画部会緊急提言の考え方でハード・ソフトの施策を総合的に組み合わせた津波防災地域づくりを検討することになるため、東北地方太平洋沖地震の津波で見られたような海岸堤防、河川堤防等の破壊事例などを考慮し、最大クラスの津波が悪条件下において発生し浸水が生じることを前提に算出することが求められる。

　図2－1は、基礎調査から津波浸水想定の設定までの流れを示したものである。

　なお、基本指針は、「津波浸水想定は、津波防災地域づくりの基本ともなるものであることから、公表にあたっては、都道府県の広報、印刷物の配布、インターネット等により十分な周知が図られるよう努めるものとする」としている。

図2－1　「基礎調査」から「津波浸水想定」の設定までの流れ

基礎調査（都道府県、国土交通大臣）　第六条及び第七条関係　※地域自主戦略総合交付金で実施
- 地形データの作成（海域及び陸域）
- 地質等に関する調査
- 土地利用状況の把握等
- 広域的な見地から必要とされるもの（航空レーザ測量等）は国土交通大臣が実施し、都道府県に提供

津波浸水想定の設定・公表（都道府県）　第八条関係　※地域自主戦略総合交付金で実施

最大クラスの津波の断層モデル（波源域及びその変動量）の設定
- 国（中央防災会議等）において検討された断層モデルを都道府県に提示（都道府県独自に設定することも可）

津波浸水シミュレーション
- 海域及び陸域の津波の伝播を津波浸水シミュレーション（平面2次元モデル）により表現
- 地形データをシミュレーションに反映
- 建築物等による流れの阻害を土地利用状況に応じた粗度係数として設定
- 安全マップとならないように悪条件のもとで設定（朔望平均満潮位※、海岸堤防の倒壊等）

※朔（新月）と望（満月）の日から5日以内にあらわれる各月の最高満潮位の平均値

最大クラスの津波があった場合に想定される浸水の区域及び水深
- 最大の浸水域及び浸水深を表示

公　表
- 国土交通大臣への報告
- 関係市町村長への通知
- 公表（都道府県の広報、印刷物、インターネットなど）

2−3　推進計画

　市町村は、基本指針に基づき、かつ、津波浸水想定を踏まえ、単独で又は共同して、当該市町村の区域内について、津波防災地域づくりを総合的に推進するための計画（以下「推進計画」）を作成することができる（法第10条、11条）。
　推進計画で定める内容は、以下のとおりである（図2−2）。
ⅰ）推進計画の区域
（上記のほか、おおむね以下の事項を定める）
ⅱ）津波防災地域づくりの総合的な推進に関する基本的な方針
ⅲ）津波浸水想定に定める浸水の区域における土地の利用及び警戒避難体制の整備に関する事項
ⅳ）津波防災地域づくりの推進のために行う事業又は事務に関する事項であって、次に掲げるもの

図2−2　推進計画の概要

```
推進計画とは
○津波防災地域づくりを総合的に推進するため市町村が作成する計画。
○様々な主体が実施するハード・ソフト施策を総合的に組み合わせ津波防災地域づくりの姿を地域の実情に応じて描く。

推進計画の記載事項

○推進計画の区域
○津波防災地域づくりの総合的な推進に関する基本的な方針
○浸水想定区域における土地利用・警戒避難体制の整備
○津波防災地域づくりの推進のために行う事業又は事務
　・海岸保全施設、港湾施設、漁港施設、河川管理施設、保安施設事業に係る施設の整備
　・津波防護施設の整備
　・一団地の津波防災拠点市街地形成施設の整備に関する事業、土地区画整理事業、市街地再開発事業その他の市街地の整備改善のための事業
　・避難路、避難施設、公園、緑地、地域防災拠点施設その他の津波の発生時における円滑な避難の確保のための施設の整備及び管理
　・集団移転促進事業
　・地籍調査の実施
　・津波防災地域づくりの推進のために行う事業に係る民間の資金、経営能力及び技術的能力の活用の促進
```

イ　海岸保全施設、港湾施設、漁港施設及び河川管理施設並びに保安施設事業に係る施設の整備に関する事項

ロ　津波防護施設の整備に関する事項

ハ　一団地の津波防災拠点市街地形成施設の整備に関する事業、土地区画整理事業、市街地再開発事業その他の市街地の整備改善のための事業に関する事項

ニ　避難路、避難施設、公園、緑地、地域防災拠点施設その他の津波の発生時における円滑な避難の確保のための施設の整備及び管理に関する事項

ホ　集団移転促進事業に関する事項

ヘ　地籍調査の実施に関する事項

ト　津波防災地域づくりの推進のために行う事業に係る民間の資金、経営能力及び技術的能力の活用の促進に関する事項

　推進計画を作成する意義は、最大クラスの津波に対する地域ごとの危険度・安全度を示した津波浸水想定を踏まえ、様々な主体が実施するハード・ソフト施策を総合的に組み合わせることで低頻度ではあるが大規模な被害をもたらす津波に対応してどのような津波防災地域づくりを進めていくのか、市町村がその具体の姿を地域の実情に応じて総合的に描くことにある。これにより、大規模な津波災害に対する防災・減災対策を効率的かつ効果的に図りながら、地域の発展を展望できる津波防災地域づくりを実現しようとするものである。

　津波防災地域づくりにおいては、地域の防災性の向上を追求することで地域の発展が見通せなくなるような事態が生じないよう推進計画を作成する市町村が総合的な視点から検討する必要があり、具体的には、推進計画は、住民の生活の安定や地域経済の活性化など既存のまちづくりに関する方針との整合性が図られたものである必要がある。また、景観法に基づく景観計画その他の既存のまちづくりに関する計画や、災害対策基本法に基づく地域防災計画等とも相互に整合性が保たれるよう留意する必要がある。

　なお、隣接する市町村と連携した対策を行う場合等、地域の選択により、複数の市町村が共同で推進計画を作成することもできる。

津波防災地域づくりは、発生頻度は低いが地域によっては近い将来に発生する確率が高まっている最大クラスの津波に対応するものであるため、中長期的な視点に立ちつつ、近い将来の危険性に対しては迅速に対応するとともに、警戒避難体制の整備については常に高い意識を持続させていくことが必要である。

このため、それぞれの対策に必要な期間等を考慮して、複数の選択肢の中から効果的な組み合わせを検討することが必要である。例えば、ハード整備に先行して警戒避難体制の整備や特別警戒区域の指定等のソフト施策によって対応するといったことが想定される。なお、津波防災地域づくりを持続的に推進するため、推進計画には計画期間を設定することとしていないが、個々の施策には実施期間を伴うものがあるため、適時適切に計画の進捗状況を検証していくことが望ましい。

推進計画作成にあたっては、関係者との調整が規定されている、調整を円滑かつ効率的に行うため、法第11条第1項の「協議会」の活用を検討することが望ましい。

図2－3　推進計画の作成にあたっての留意事項

推進計画の作成にあたっての留意事項
＜作成時＞
○市町村マスタープランとの調和
○協議会が組織されていないときは、都道府県や関係管理者等その他事業・事務を実施すると見込まれる者との協議
○海岸保全施設、津波防護施設等の整備に関する事項については、関係管理者等の案に基づいて作成
○関係管理者等の案の作成に当たり、市町村が津波防災地域づくりを総合的に推進する観点から配慮すべき事項を申出
○市町村からの申出を受けた関係管理者等は当該申出を尊重
＜作成後＞
○市町村は遅滞なく、計画を公表するとともに、国土交通大臣、都道府県、関係管理者等その他事業・事務を実施すると見込まれる者に送付
○国土交通大臣・都道府県は推進計画の送付を受けたときは、市町村に対して、必要な助言が可能
○国土交通大臣は、助言を行う際に必要であれば、農林水産大臣その他関係行政機関の長に諮問

協議会とは
推進計画の作成に関する協議及び推進計画の実施に係る連絡調整を行う協議会で、推進計画を作成しようとする市町村が組織するもの

協議会の構成員
○推進計画を作成しようとする市町村
○当該市町村の区域をその区域に営む都道府県
○関係管理者等その他事業・事務を実施すると見込まれる者
○学識経験者その他当該市町村が必要と認める者

協議会を組織した場合
○協議会を組織する市町村は、協議を行う旨協議会の構成員に通知しなければならない
○通知を受けた者は、正当な理由がある場合を除き、当該通知に係る協議に応じなければならない
○協議会において協議が整った事項については、協議会の構成員はその協議の結果を尊重しなければならない

第2章　基礎調査・津波浸水想定・推進計画

　特に、複数の市町村が共同で作成する場合には、協議会を活用する利点は大きいと考えられる。また、協議会には、学識経験者、住民の代表、民間事業者、推進計画に定めようとする事業・事務の間接的な関係者（例えば、兼用工作物である津波防護施設の関係者）等、策定主体である市町村が必要と考える者を構成員として加えることができる。推進計画作成にあたっての留意点を図2－3で示す。

第3章　推進計画区域における特別の措置

3−1　津波防災住宅等建設区（法第12〜14条）

(1) 趣旨

　今般の震災の被災地域では、津波により、住宅や学校、病院等の公益的施設が壊滅的な被害を受けている。今後、このような災害を防止するために、津波による災害の発生のおそれが著しい地域において、当該災害の防止又は軽減のための措置が講じられた又は講じられる土地に、住宅及び公益的施設を集約させ、防災性の高い市街地を整備することは、喫緊の課題であるとともに、高い公益性が認められるものであり、災害の防止など健全な市街地を造成することを目的とする土地区画整理事業において、安全な市街地に換地を受けることを希望する地権者の申出に基づき、これらの者の土地を集約し、安全な宅地に換地を行うことができる制度の創設が必要である。

　このため、推進計画区域内であって、津波による災害の発生のおそれが著しく、かつ、当該災害の発生を防止し、又は軽減する必要性が高いと認められる区域においては、津波に対して安全な市街地を造成することにより、津波による災害を防止し、又は軽減することを目的とする土地区画整理事業において、例えば、盛土、嵩上、高台切土による措置が講じられた又は講じられる土地に、住宅及び公益的施設を集約するための区域を定め、住宅又は公益的施設の用に供する宅地の所有者が、当該区域内への換地の申出をすることができることとし、土地区画整理法第89条の「照応の原則」の例外を定めるものである。（図3−1）

第 3 章　推進計画区域における特別の措置

図 3 − 1　津波防災住宅等建設区制度の創設

趣旨　今般の震災の被災地域では、津波により、住宅や当該住宅の居住者の共同の福祉又は利便のために必要な市役所、学校、病院、商店等が壊滅的な被害を受けている。津波による災害の発生のおそれの著しい地域では、宅地の盛土・嵩上げ等、津波災害の防止措置を講じた、又は講じられる土地へ住宅及び公益的施設を集約し、津波被害に対する安全性の向上を図ることが喫緊の課題である。

内容　推進計画区域内で施行される土地区画整理事業の施行地区内の津波災害の防止措置を講じられた又は講じられる土地に、住宅及び公益的施設の宅地を集約するための区域を定め、住宅及び公益的施設の宅地の所有者が、当該区域内への換地の申出をすることができる申出換地の特例を設ける。

施行地区イメージ図

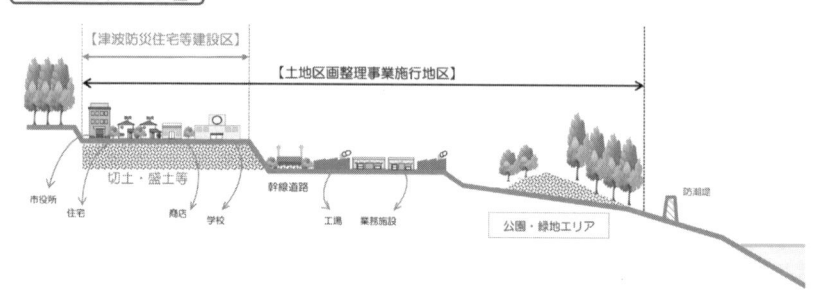

(2) 内容

1）津波防災住宅等建設区の設定（第12条）

　津波による災害の発生のおそれが著しく、かつ、当該災害を防止し、又は軽減する必要性が高いと認められる区域内の土地を含む土地（推進計画区域内にあるものに限る。）の区域において津波による災害を防止し、又は軽減することを目的とする土地区画整理事業の事業計画においては、施行地区内の津波による災害の防止又は軽減のための措置が講じられた又は講じられる土地の区域における住宅及び居住者の生活の基盤となる公益的施設（教育施設、医療施設、官公庁施設、購買施設その他の施設で、居住者の共同の福祉又は利便のために必要なものをいう。）の建設を促進するため特別な必要があると認められる場合には、当該土地の区域であって住宅及び公益的施設の建設を促進すべきもの（以下「津波防災住宅等建設区」）を定めることができるものとする。

2）換地の申出等（第13条）

3－2　津波避難建築物の容積率の特例（法第15条）

　津波防災住宅等建設区が定められたときは、施行地区内の住宅又は公益的施設の用に供する宅地の所有者は、施行者に対し、換地計画において当該宅地についての換地を津波防災住宅等建設区内に定めるべき旨の申出をすることができる。（第13条第1項）

　施行者は、この申出があった場合には、遅滞なく、当該申出が第13条第4項に掲げる要件に該当すると認めるときは、当該申出に係る宅地を、換地計画においてその宅地についての換地を津波防災住宅等建設区内に定められるべき宅地として指定しなければならない。
3）津波防災住宅等建設区への換地（第14条）
　2）により指定された宅地については、換地計画において換地を津波防災住宅等建設区に定めなければならない。

3－2　津波避難建築物の容積率の特例（法第15条）

(1)　趣旨

1）現行制度の概要
　建築基準法第52条による容積率制限は、建築物の密度を規制することにより、それぞれの地域で行われる各種の経済、社会活動の総量を誘導し、これにより市街地の良好な環境の確保と、建築物からの発生交通による道路への負荷等と当該公共施設の整備とのバランスを図ろうとするもの。
2）特例措置の必要性
　津波等の災害対応のために整備される、災害用備蓄倉庫、自家発電設備室等の整備にあたっては、建築主等に容積率の制限に対応するために居室部分の面積を狭くすることを余儀なくさせることから、津波避難建築物の整備を促進するためには、一定の範囲内において、容積率制限の限度を超えることができることとすることが必要。

第3章　推進計画区域における特別の措置

(2) 内容

　津波防災地域づくりを総合的に推進する観点から行政が作成した推進計画の区域内において、津波災害を防止するために警戒避難体制を特に整備すべき土地の区域として都道府県知事により指定される警戒区域の中で、避難安全性が確保できる以下の①及び②の基準を満たす建築物に限り、防災上有効な災害用備蓄倉庫、自家発電設備室等の部分について、建築審査会の同意が不要である特定行政庁の認定により、容積率を緩和できることとする。（図3－2）

①　当該施設が津波に対して安全な構造のものとして国土交通省令で定める技術的基準に適合するものであること。（第56条第1項第1号）
②　基準水位以上の高さに避難上有効な屋上その他の場所が配置され、かつ、当該場所までの避難上有効な階段その他の経路があること。（同第2号）

図3－2　津波避難建築物の容積率の特例

┌─ 特例の目的 ─────────────────────────
│ 津波避難建築物の整備を推進するため、建築基準法の特例として、容積率規制を
│ 緩和するもの

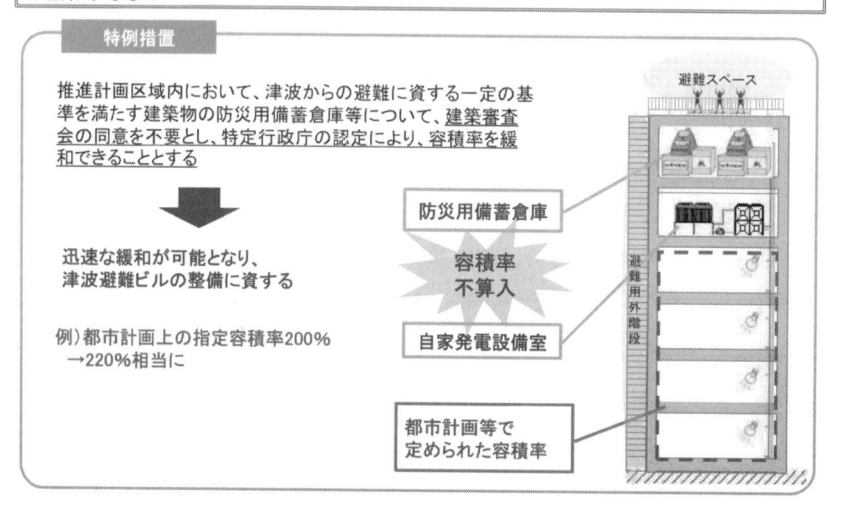

　　特例措置

推進計画区域内において、津波からの避難に資する一定の基準を満たす建築物の防災用備蓄倉庫等について、建築審査会の同意を不要とし、特定行政庁の認定により、容積率を緩和できることとする

　↓

迅速な緩和が可能となり、
津波避難ビルの整備に資する

例）都市計画上の指定容積率200%
　　→220%相当に

・防災用備蓄倉庫
・容積率不算入
・自家発電設備室
・都市計画等で定められた容積率
・避難スペース
・避難用外階段

26

3－3　集団移転促進事業の特例（法第16条）

(1) 趣旨

　集団移転促進事業とは、「防災のための集団移転促進事業に係る国の財政上の特別措置等に関する法律（以下「集団移転促進法」）」に基づく、豪雨、洪水、高潮その他の異常な自然現象による災害が発生した地域等のうち、住民の生命、身体及び財産を災害から保護するため住居の集団的移転を促進することが適当であると認められる区域（移転促進区域）内にある住居の集団的移転を促進するために行なう事業をいう。

　集団移転促進事業は、原則的に市町村が実施するものとされているが、例外的に規模が著しく大であること等により市町村が実施することが困難なものについては、当該市町村の申出により、都道府県が実施することができるとされている（集団移転促進法第6条）。

　一方で、集団移転促進事業の前提となる集団移転促進事業計画の策定主体は例外なく、市町村に限定されているところである（集団移転促進法第3条第1項）。

　しかしながら、津波災害は極めて広域的被害をもたらすことから、一の市町村を超える対応も想定する必要があるため、都道府県が集団移転促進事業計画を策定することが適切な場合もある。

　そこで、集団移転促進法の特例として、推進計画区域において行われる集団移転促進事業については、都道府県を集団移転促進事業計画の策定主体に追加することとする。

(2) 内容

　推進計画区域内に存する移転促進区域に係るものであって、津波による災害の防止又は軽減を目的とする集団移転促進事業につき、市町村から一の市町村

の区域を超える広域の見地からの調整を図る必要があることにより当該市町村が当該集団移転促進事業に係る集団移転促進事業計画を定めることが困難である旨の申出を受けた場合には、都道府県が当該集団移転促進事業計画を作成することができることとし、それに伴い、策定手続等に係る所要の読み替え規定を設ける。

3－4　一団地の津波防災拠点市街地形成施設（第17条）

(1) 趣旨

今般の震災の被災地域では、津波により、住宅施設や業務施設のみならず、学校・医療施設・官公庁施設といった公益的施設も甚大な被害を受けている地域が多く、地域の都市機能全体が失われる事態も生じたところである。

今後、この様な事態が発生することを防止するためには、津波による災害の発生のおそれが著しく、かつ、当該災害を防止し、又は軽減する必要性が高いと認められる区域内の都市機能を津波が発生した場合においても維持するための拠点となる市街地の整備が喫緊の課題となっており、当該市街地の整備には高い公益性が認められる。

このため、当該市街地が有すべき諸機能に係る施設を一団の施設としてとらえ、一体的に整備するための枠組みが必要である。そこで、当該一団の施設を一団地の津波防災拠点市街地形成施設として都市施設の類型に追加し、これを都市計画に定めることができることとする。（図3－3）

(2) 内容

一団地の津波防災拠点市街地形成施設は、都市施設として市町村が定める都市計画とされている。都市計画に定めるべき事項としては、次に掲げる「1）区域」等の一般的な事項に加え、一団地の津波防災拠点市街地形成施設に固有のものとして、2）に掲げる事項が必要となる。

3-4 一団地の津波防災拠点市街地形成施設（第17条）

図3-3 拠点市街地の整備に関する制度

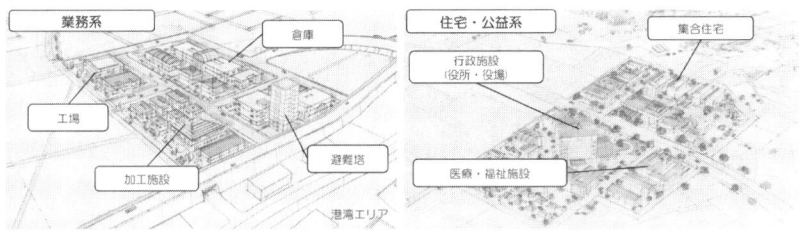

1）一団地の津波防災拠点市街地形成施設に関する都市計画に定める区域（第17条第1項）

　津波による災害の発生のおそれが著しく、かつ、当該災害を防止し、又は軽減する必要性が高いと認められ、次のイ及びロの条件に該当する区域であって、当該区域内の都市機能を津波が発生した場合においても維持するための拠点となる市街地を形成することが必要であると認められるものについては、都市計画に一団地の津波防災拠点市街地形成施設を定めることができることとする。

　イ　当該区域内の都市機能を津波が発生した場合においても維持するための拠点として一体的に整備される自然的経済的社会的条件を備えていること。

　ロ　当該区域内の土地の大部分が建築物（津波による災害により、建築物が損傷した場合における当該損傷した建築物を除く。）の敷地として利用されていないこと。

　※津波防災地域づくりに関する法律の施行に伴う関係法律の整備等に関す

29

る法律により都市計画法第11条等にインデックス規定を設けた。

2) 一団地の津波防災拠点市街地形成施設に関する都市計画に定める事項（第17条第2項）

一団地の津波防災拠点市街地形成施設に関する都市計画には、下記の事項を定めることとする。

① 住宅施設、特定業務施設又は公益的施設及び公共施設の位置及び規模

② 建築物の高さの最高限度若しくは最低限度、容積率の最高限度若しくは最低限度又は、建ぺい率の最高限度

3) 一団地の津波防災拠点市街地形成施設に関する都市計画の策定基準（第17条第3項）

① 住宅施設、特定業務施設、公益的施設及び公共施設は、当該区域内の都市機能を津波が発生した場合においても維持するための拠点としての機能が確保されるよう、必要な位置に適切な規模で配置すること。

② 2)②の事項は、①の都市機能を津波が発生した場合においても維持することが可能となるよう定めること。

③ 当該区域が推進計画区域内である場合にあっておいては、推進計画に適合するよう定めること。

(3) 津波復興拠点整備事業

法第17条に規定している一団地の津波防災拠点市街地形成施設の枠組みを活用し、都市の津波からの防災性を高める拠点であるとともに、被災地の復興を先導する拠点となる市街地の形成を支援するため、津波復興拠点整備事業の創設を行った。

支援制度である津波復興拠点整備事業は、津波災害の被災度等に応じた採択要件を満たす市町村に限定されており、基本的には復興特区法第77条に規定する復興交付金事業計画の区域内で復興交付金事業として行われる事業に限られる。

(4) 関連税制（所得税の特例。法人税についても同様。）

　一団地の津波防災拠点市街地形成施設の整備に関する事業を実施するにあたって活用可能な税制特例措置は以下のとおりである。なお、それぞれの特例措置の重複適用はできない。
① 都市計画法の規定に基づき土地等の収用等が行われる場合
　イ）収用等に伴い代替資産を取得した場合の課税の特例
　ロ）交換処分等に伴い資産を取得した場合の課税の特例
　ハ）収用交換等の場合の譲渡所得等の特別控除（5,000万円控除）
② 事業による収用の対償に充てるために土地等が買い取られる場合、又は一団地の津波防災拠点市街地形成施設の区域内に所在する土地が公有地の拡大の推進に関する法律の規定に基づき買い取られる場合
　　特定住宅地造成事業等のために土地等を譲渡した場合の譲渡所得の特別控除（1,500万円控除）
③ 上記①または②の場合
　　優良住宅地の造成のために土地等を譲渡した場合の長期譲渡所得の課税の特例
　　（軽減税率（2,000万円以下14％、2,000万円超20％））

(5) 東日本大震災復興特別区域法との関係について

　一団地の津波防災拠点市街地形成施設の整備に関する事業は、復興特区法の復興整備計画及び復興交付金事業計画の対象となる事業であり、両計画制度をそれぞれ活用することで、都市計画の決定手続と農地や林地に係るゾーニングの変更手続とのワンストップでの処理、農地転用に係る基準緩和、復興交付金の活用等といった各種の措置を受けることが可能となる。

第4章 津波防護施設等

4-1 津波防護施設とは（法第18条～49条）

(1) 趣旨

　河川法、海岸法等の現行法には、内陸部において後背市街地への津波による浸水被害を防止し、軽減する施設は位置付けられていないことから、法において、津波による人的災害を防止し、又は軽減するために都道府県知事又は市町村長が管理する盛土構造物、閘門その他の施設（漁港施設、港湾施設、海岸保全施設、河川管理施設等を除く。）を「津波防護施設」として位置付けるとともに、都道府県知事（都道府県知事が指定した場合は市町村長）は、推進計画にその整備に関する事項が定められた津波防護施設の新設、改良その他の管理

図4-1　津波防護施設のイメージ

「津波防護施設」とは、津波浸水想定を踏まえ津波による人的災害を防止し、又は軽減するために都道府県知事又は市町村長が管理する盛土構造物、閘門、護岸及び胸壁（海岸保全施設、港湾施設、漁港施設、河川管理施設、保安施設事業に係る施設であるものを除く。）をいう。

○既存道路盛土への閘門の設置　　○既存道路盛土への胸壁の設置

○兼用工作物としての盛土構造物（津波防護施設、道路）

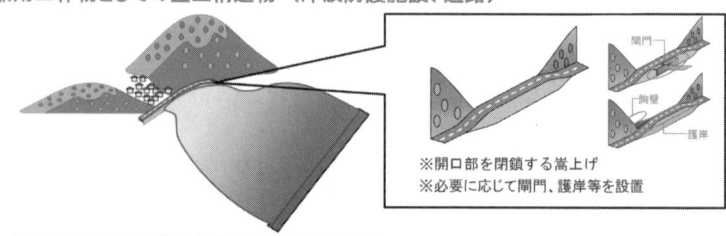

※開口部を閉鎖する嵩上げ
※必要に応じて閘門、護岸等を設置

を行うものとする。

(2) 内容

　津波防護施設は、最大クラスの津波に対して人命を守ることを目的とするものであり、内陸部において後背市街地への津波による浸水を防止する機能を有する、盛土構造物、護岸、胸壁及び閘門をいう。
　ここで言う盛土構造物とは内陸における盛土による構造物（堤防は、河川の氾濫や海水の進入を防ぐため、河岸や海岸に沿って設置される土石の構築物とされていることから、内陸において津波による浸水の拡大を防止するための盛土による構造物である津波防護施設とは概念が異なる。）のことであり、また、閘門とは、ここでは盛土構造物等の開口部等に設ける海水の進入を防止するための門をイメージしている。
　津波防護施設は、河川堤防や海岸堤防のように自然地形上から施設の配置が決定されるものではなく、津波による後背市街地等への浸水の拡大を防止するために整備される施設であることから、津波防護施設の整備については地域における津波による災害を防止し、又は軽減するための他の施策と一体となって推進計画において決定されることとし、津波防護施設の新設又は改良については、推進計画区域内において、推進計画に即して行うこととしている。
　津波防護施設は、地域における津波災害を防止し、又は軽減するために重要な機能を果たしているものであるため、その保全に支障を及ぼす恐れがある行為については、当該施設の敷地外において行われているものも含めて取り締まる必要があるため、津波防護施設を保全するために行為の制限が必要な区域について、「津波防護施設区域」として指定できる旨を規定している。なお、津波防護施設を保全するために行為の制限が必要な区域については、最小限度の区域に限って指定することとしている。
　津波防護施設は、地形、地質等を考慮し、自重、水圧及び波力並びに地震の発生、漂流物の衝突その他の事由による振動及び衝撃に対して安全な構造であることのほかに、地域の実情等を勘案して適切な形状、位置等の基準を柔軟に

定められるようにするため、津波防護施設の形状、構造及び位置について津波災害の防止又は軽減のため必要とされる技術上の基準は、国土交通省令で定める基準を参酌して都道府県の条例で定めることとしている。

　盛土構造物及び護岸については、道路や鉄道等の盛土構造物との兼用工作物を想定していることから、津波防護施設と他の工作物との効用を兼ねて設置される工作物について、兼用工作物として位置付けることにより、当該施設が、津波防護施設であることを明らかにし、当該施設の有する津波災害を防止し、軽減する機能の適切な保全を図るとともに、協議により、他の工作物の管理者が津波防護施設の工事等を行うことを認め、他方、津波防護施設管理者に対しては、同じく協議により他の工作物の工事等を行う権限を付与することとしている。

4－2　指定津波防護施設（法第50条～52条）

(1)　趣旨

　津波災害に対しては、既存の海岸堤防等の整備や、津波防護施設の整備により対応することとしているが、海岸堤防や津波防護施設以外の施設であっても、盛土された道路、鉄道施設等のように、津波災害を防止し、又は軽減するために有用である既存の施設が存在する。このため、多重防御的に津波災害のリスクを軽減する観点から、これら施設の有する津波災害を防止し、又は軽減する機能の保全を図るため、指定津波防護施設の制度を設けることとしたものである。なお、津波防護施設の整備と同様に、推進計画において地域における他の津波による災害を防止し、又は軽減するための施策の方針が決定されてから指定津波防護施設の指定の方針が決定されるものであることから、推進計画区域内の施設であることを指定の要件としている。

4－2　指定津波防護施設（法第50条～52条）

(2) 内容

　都道府県知事は、浸水想定区域（推進計画区域内のものに限る。）内に存する施設（津波防護施設、漁港施設、港湾施設、海岸保全施設、河川管理施設等を除く。）が、当該浸水想定区域における津波災害を防止し、又は軽減するために有用であると認めるときは、当該施設を指定津波防護施設として指定することができることとしている。

　都道府県知事は、津波防護施設の指定をしようとするときは、あらかじめ指定をしようとする施設の存する市町村長の意見を聴くとともに、当該施設の所有者の同意を得なければならないこととしている。また、指定をするときは、当該指定津波防護施設を公示するとともに、その旨を当該指定津波防護施設の存する市町村長及び当該指定津波防護施設の所有者に通知しなければならない。

　指定津波防護施設の指定を受けた施設については、指定津波防護施設又はその敷地である土地の区域内に、それぞれ指定津波防護施設である旨又は指定津

図4－2　津波防護施設等の活用イメージ

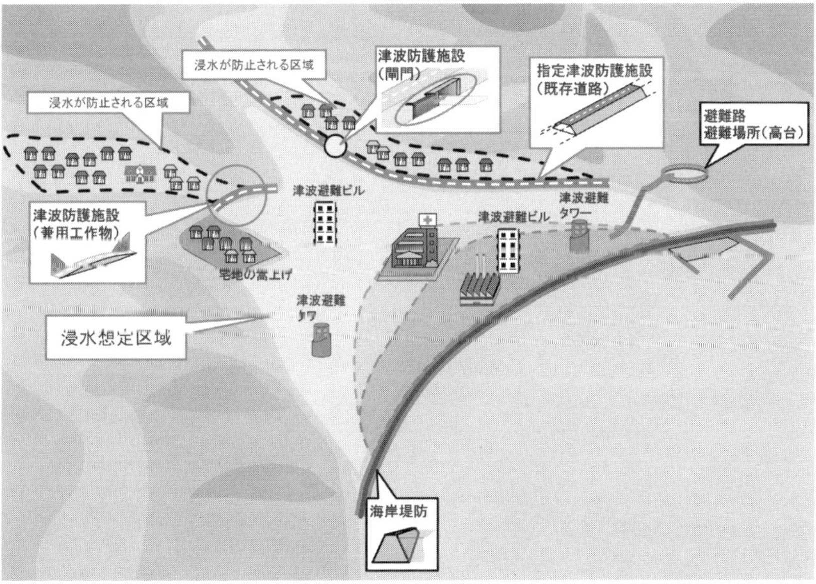

35

第 4 章　津波防護施設等

波防護施設が当該区域内に存する旨を表示した標識を設けなければならない。
　指定津波防護施設については、各々の施設本来の整備目的があることから、必ずしも津波防護施設とまったく同じ効果（最大クラスの津波による浸水の拡大防止）を有するとは限らないが、一定の津波による浸水軽減に役に立つものとして指定されるものであり、管理上の行為制限も緩やかになっている。

第5章　津波災害警戒区域、津波災害特別警戒区域

5－1　警戒区域及び特別警戒区域の位置づけ

(1) 趣旨

　都道府県知事は、基本指針に基づき、かつ、津波浸水想定を踏まえ、津波災害を防止するために警戒避難体制を特に整備すべき土地の区域を、津波災害警戒区域（以下「警戒区域」）として指定することができる。警戒区域内においては、ハザードマップの整備、避難訓練の実施、指定避難施設の指定等の避難の円滑化の措置を講ずることとしている。

　また、警戒区域のうち、津波災害から住民等の生命及び身体に著しい危害が生ずるおそれがあると認められる土地の区域で、一定の開発行為及び建築の制限をすべき土地の区域について、津波災害特別警戒区域（以下「特別警戒区域」）として指定できる。特別警戒区域においては、一定の開発行為及び建築制限について、都道府県知事の許可を要することとしている。

(2) 津波防災地域づくりの流れ

　前章まで紹介してきた諸事項と、警戒区域及び特別警戒区域の指定があいまって「津波防災地域づくり」が実現することとなるので、ここで再度全体の流れを俯瞰してみたい。（図5－1、5－2）

　まず、都道府県知事が津波浸水想定を設定する。これは、「最大クラスの津波」に対して、法に基づく各種施策を実施するための基本となるものである。最悪の状況下での浸水シミュレーションを実施、「想定外」をなくす、という点もポイントである。

　「最大クラスの津波」に対し浸水拡大を防止するため、必要に応じ、既存の

第5章　津波災害警戒区域、津波災害特別警戒区域

道路、鉄道の盛土構造物を活用し、開口部等の閘門等を整備するなど、「津波防護施設」を整備する。（既存の道路、鉄道等の津波による浸水の防止に有用な盛土構造物は「指定津波防護施設」に指定。）

さらに、「最大クラスの津波」が発生した場合の区域の危険度・安全度を、津波浸水想定等により住民等に「知らせ」、いざというときに津波から住民等が円滑かつ迅速に「逃げる」ことができるよう、予報又は警報の発令及び伝達、避難訓練の実施、避難場所や避難経路の確保、津波ハザードマップの作成等の警戒避難体制の整備を行う区域を「警戒区域」として指定する。「警戒」という趣旨で「イエローゾーン」と呼ぼう。

なお、津波浸水想定に定める水深に係る水位に、建築物等に衝突する津波の水位の上昇（せき上げ）を考慮して必要と認められる値を加えて定める水位が、「基準水位」（法第53条第2項）であるが、基準水位を明らかにすることも、警戒区域の危険度等を「知らせ」る重要な要素である。この基準水位を活用し、警戒区域内の施設で、基準水位以上の高さに避難上有効な屋上等が配置されていること等の一定の基準に適合するものを「指定避難施設」として指定することができる。

特別警戒区域は、警戒区域のうち、津波が発生した場合に建築が損壊・浸水し、住民等の生命・身体に著しい危害が生ずるおそれがある区域において、防災上の配慮を要する住民等が当該建築物の中にいても津波を「避ける」ことができるよう、一定の建築物の建築とそのための開発行為に関して建築物の居室の高さや構造等を津波に対して安全なものとすることを求める区域である。

特別警戒区域においては、病院、社会福祉施設等の一定の開発行為及び建築の規制が行われる。これに加え、地域の選択として、住宅等の一定の開発行為及び建築の規制等を市町村条例で実施することができる。後者のように住宅等の規制まで行う区域を、「レッドゾーン」と呼ぶこととすると、前者の、病院・社会福祉施設等の規制のみ行われる区域は「オレンジゾーン」と呼ぶことができる。

5-1 警戒区域及び特別警戒区域の位置づけ

図5-1 いのちを守る津波防災地域づくりのイメージ

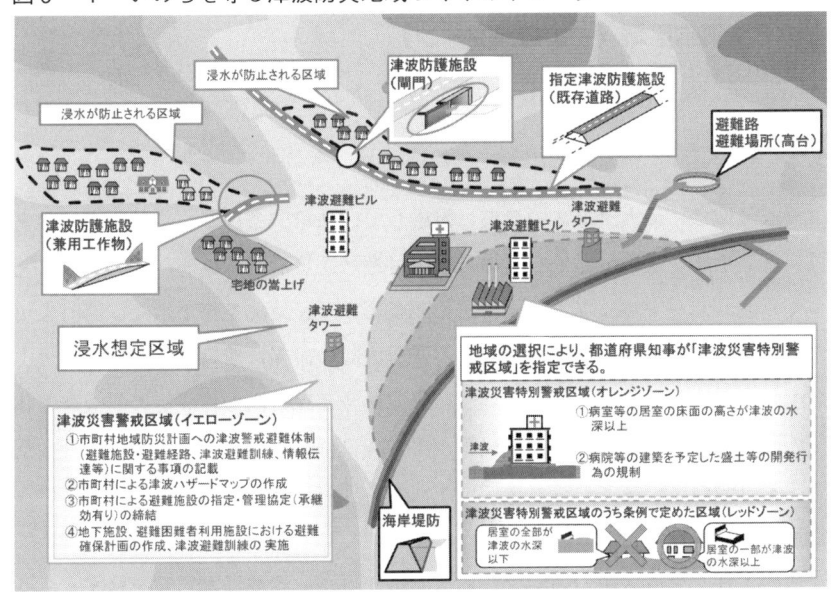

図5-2 津波災害警戒区域及び津波災害特別警戒区域 津波防護施設等

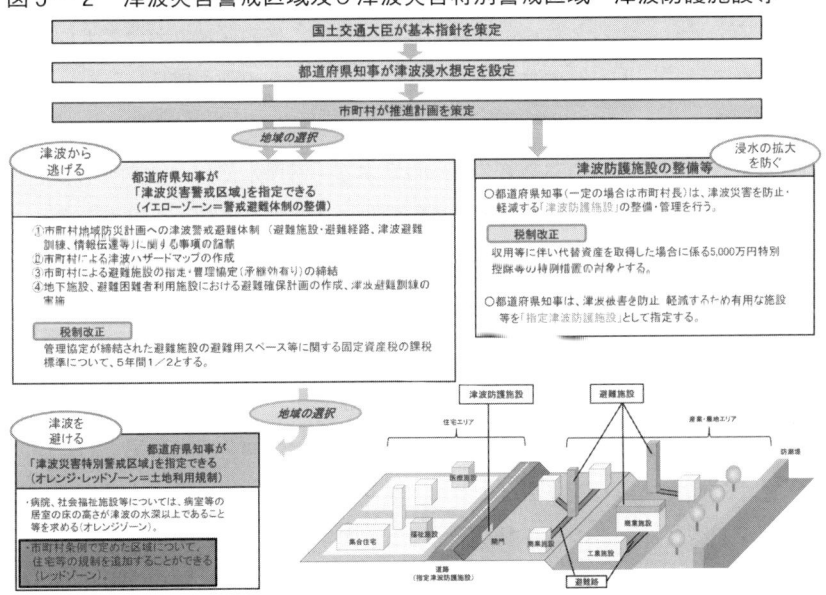

第5章　津波災害警戒区域、津波災害特別警戒区域

5－2　警戒区域（イエローゾーン）

(1)　指定

　警戒区域は、最大クラスの津波に対応して、法第54条に基づく避難訓練の実施、避難場所や避難経路等を定める市町村地域防災計画の拡充、法第55条に基づく津波ハザードマップの作成、法第56条第1項、第60条第1項及び第61条第1項に基づく指定及び管理協定による避難施設の確保、第71条に基づく防災上の配慮を要する者等が利用する施設に係る避難確保計画の作成等の警戒避難体制の整備を行うことにより、住民等が平常時には通常の日常生活や経済社会活動を営みつつ、いざというときには津波から「逃げる」ことができるように、都道府県知事が指定する区域である。

　このような警戒区域の指定は、都道府県知事が、津波浸水想定を踏まえ、基礎調査の結果を勘案し、津波が発生した場合には住民等の生命又は身体に危害が生ずるおそれがあると認められる土地の区域で、当該区域における人的災害を防止するために上記警戒避難体制を特に整備すべき土地の区域について行うことができるものである。

　警戒区域における法第53条第2項に規定する「基準水位」（津波浸水想定に定める水深に係る水位に建築物等への衝突による津波の水位の上昇を考慮して必要と認められる値を加えて定める水位）は、指定避難施設及び管理協定に係る避難施設の避難上有効な屋上その他の場所の高さや、特別警戒区域の制限用途の居室の床の高さの基準となるものであり、警戒区域の指定の際に公示することとされている。これについては、津波浸水想定の設定作業の際に併せて、津波浸水想定を設定するための津波浸水シミュレーションで、想定される津波のせき上げ高を算出しておき、そのシミュレーションを用いて定めるものとし、原則として地盤面からの高さで表示するものとする。

　警戒区域の指定に当たっては、法第53条第3項に基づき、警戒避難体制の整

備を行う関係市町村の長の意見を聴くこととされているが、警戒避難体制の整備に関連する防災、建築・土木、福祉・医療、教育等の関係部局、具体の施策を実施する市町村、関係者が緊密な連携を図って連絡調整等を行うとともに、指定後においても継続的な意思疎通を図っていくことが必要である。

(2) 留意事項

警戒区域内における各種措置を効果的に行うために、市町村長等が留意すべき事項については、以下のとおりである。

ア　市町村地域防災計画の策定

　市町村防災会議（市町村防災会議を設置しない市町村にあっては、当該市町村の長）は、法第54条により、市町村地域防災計画に、警戒区域ごとに、津波に関する予報又は警報の発令及び伝達、避難場所及び避難経路、避難訓練等、津波による人的災害を防止するために必要な警戒避難体制に関する事項について定めることとなるが、その際、高齢者等防災上の配慮を要する者への配慮や住民等の自主的な防災活動の育成強化に十分配意するとともに、避難訓練の結果や住民等の意見を踏まえ、適宜適切に実践的なものとなるよう見直していくことが望ましい。また、特に、地下街等又は防災上の配慮を要する者が利用する施設については、円滑かつ迅速な避難の確保が図られるよう、津波に関する情報、予報又は警報の発令及び伝達に関する事項を定める必要がある。

イ　津波ハザードマップの作成

　市町村の長は、法第55条により、市町村地域防災計画に基づき、津波に関する情報の伝達方法、避難施設その他の避難場所及び避難路その他の避難経路等、住民等の円滑な警戒避難を確保する上で必要な事項を記載した津波ハザードマップを作成・周知することとなるが、その作成・周知に当たっては、防災教育の充実の観点から、ワークショップの活用など住民等の協力を得て作成し、説明会の開催、避難訓練での活用等により周知を図る等、住民等の理解と関心を深める工夫を行うことが望ましい。また、津波浸水想定や市町

第 5 章　津波災害警戒区域、津波災害特別警戒区域

村地域防災計画が見直された場合など津波ハザードマップの見直しが必要となったときは、できるだけ速やかに改訂することが適当である。併せて、市町村地域防災計画についても、必要な事項は平時から住民等への周知を図るよう努めるものとする。

ウ　避難施設

　法第56条第１項の指定避難施設は、津波に対して安全な構造で基準水位以上に避難場所が配置等されている施設を、市町村長が当該施設の管理者の同意を得て避難施設に指定し、施設管理者が重要な変更を加えようとするときに市町村長への届出を要するもの、法第60条第１項又は第61条第１項の管理協定による避難施設は、市町村と上記と同様の基準に適合する施設の施設所有者等又は施設所有者等となろうとする者が管理協定を締結し、市町村が自ら当該施設の避難の用に供する部分の管理を行うことができるものである。これらの避難施設は、津波浸水想定や土地利用の現況等地域の状況に応じて、住民等の円滑かつ迅速な避難が確保されるよう、その配置、施設までの避難経路・避難手段等に留意して設定することが適当である。また、避難訓練においてこれらの避難施設を使用するなどして、いざというときに住民等が円滑かつ迅速に避難できることを確認しておく必要がある。なお、法第15条の容積率の特例の適用を受ける建築物については、当該指定又は管理協定の制度により避難施設として位置づけることが望ましい。

エ　避難確保計画

　避難促進施設（市町村地域防災計画に定められた地下街等又は一定の防災上の配慮を要する者が利用する施設）の所有者又は管理者は、法第71条第１項により、避難訓練その他当該施設の利用者の津波の発生時における円滑かつ迅速な避難の確保を図るために必要な措置に関する計画（避難確保計画）を作成することとなるが、市町村長は、当該所有者又は管理者に対して、避難確保計画の作成や避難訓練について、同条第３項に基づき、助言又は勧告を行うことにより必要な支援を行うことが適当である。

5－3　特別警戒区域（オレンジ・レッドゾーン）

(1) 指定

　特別警戒区域は、都道府県知事が、警戒区域内において、津波から逃げることが困難である特に防災上の配慮を要する者が利用する一定の社会福祉施設、学校及び医療施設の建築並びにそのための開発行為について、法第75条及び第84条第1項に基づき、津波に対して安全なものとし、津波が来襲した場合であっても倒壊等を防ぐとともに、用途ごとに定める居室の床面の高さが基準水位以上であることを求めることにより、住民等が津波を「避ける」ため指定する区域である。

　また、法第73条第2項第2号に基づき、特別警戒区域内の市町村の条例で定める区域内では、津波の発生時に利用者の円滑かつ迅速な避難を確保できないおそれが大きいものとして条例で定める用途（例えば、住宅等の夜間、荒天時等津波が来襲した時間帯等によっては円滑な避難が期待できない用途）の建築物の建築及びそのための開発行為について、法第75条及び第84条第2項に基づき、上記と同様、津波に対して安全なものであること、並びに居室の床面の全部又は一部の高さが基準水位以上であること（建築物内のいずれかの居室に避難することで津波を避けることができる。）又は基準水位以上の高さに避難上有効な屋上等の場所が配置等されること（建築物の屋上等に避難することで津波を避けることができる。）のいずれかの基準を参酌して条例で定める基準に適合することを地域の選択として求めることができる。

(2) 開発行為の許可等

1）開発行為の許可（第73条）

　　特別警戒区域において、盛土等の土地の形質の変更を伴う開発行為で当該開発行為をする土地の区域内において建築が予定されている建築物の用途が

第5章　津波災害警戒区域、津波災害特別警戒区域

制限用途であるもの（特定開発行為）をしようとする者は、都道府県知事の許可を受けなければならないこととしている。この場合において、制限用途とは、次のいずれかに掲げる用途以外の用途でないものをいう。
① 　高齢者、障害者、乳幼児その他の特に防災上の配慮を要する者が利用する社会福祉施設、学校及び医療施設（政令で定めるものに限る。）
② 　市町村の条例で定める区域における住宅その他の津波の災害時における円滑かつ迅速な避難を確保することができないおそれが大きいものとして市町村の条例で定める用途の建築物

2）開発行為の許可基準（第75条）

　都道府県知事は、特定開発行為に関する工事の計画が、擁壁の設置その他の津波が発生した場合における造成した土地の安全上必要な措置を国土交通省令で定める技術基準に従い講じたものであり、申請の手続きが法律に違反していないと認めるときは、これを許可するとともに、当該特定開発行為の完了後において、地盤面の高さが基準水位以上である土地の区域があるときは、その区域を公告しなければならないこととしている。

　これら開発行為の制限については、特別警戒区域において、迅速な避難が困難な避難困難者等が利用する特定用途に係る開発行為について、津波発生時にこれら建築物を利用する避難困難者等の生命・身体に被害が生じることを防止するため、津波発生時の崖崩れ等の災害を防止するための擁壁の設置等の安全上の措置を求めることとしたものである。

3）建築行為等の許可（第82条）

　特別警戒区域において①又は②の用途である建築物の建築又は①又は②の用途である建築物へ用途の変更をしようとする者は、都道府県知事の許可を受けなければならないこととしている。ただし、開発許可において基準水位以上である土地の区域として公告された区域内における建築行為等は許可を受けることを不要としている。

4）建築行為等の許可基準（第84条）

　①に該当する建築物については、ⅰ.建築物が津波に対して安全な構造の

5-3 特別警戒区域（オレンジ・レッドゾーン）

ものとして国土交通省令で定める技術基準に適合するものであり、かつ、ⅱ．建築物の居室の床の高さが想定浸水高以上にある場合に、許可を与えることとしている。

　②に該当する建物については、建築物が津波に対して安全な構造のものとして国土交通省令で定める技術基準に適合するものであり、かつ、以下のいずれかに該当するものであることを参酌して、市町村が条例により定めた基準を満たす場合に、許可を与えることとしている。

イ　居室の床面の全部又は一部の高さが想定浸水高水位以上であること
ロ　想定浸水高以上の高さに避難上有効な屋上その他の場所が配置され、かつ、当該場所までの避難上有効な階段その他の経路があること

(3) **留意事項**

　このような特別警戒区域は、都道府県知事が、津波浸水想定を踏まえ、基礎調査の結果を勘案し、警戒区域のうち、津波が発生した場合には建築物が損壊し、又は浸水し、住民等の生命又は身体に著しい危害が生ずるおそれがあると認められる土地の区域で、上記の一定の建築物の建築及びそのための開発行為を制限すべき土地の区域について指定することができるものである。その指定に当たっては、基礎調査の結果を踏まえ、地域の現況や将来像等を十分に勘案する必要があるとともに、法第72条第3項から第5項までの規定に基づき、公衆への縦覧手続、住民や利害関係人に対する意見書提出手続、関係市町村長の意見聴取手続により、地域住民等の意向を十分に踏まえて行うことが重要であり、また、住民等に対し制度内容の周知、情報提供を十分に行いその理解を深めつつ行うことが望ましい。

　また、その検討の目安として、津波による浸水深と被害の関係について、各種の研究機関や行政機関等による調査・分析が行われており、これらの結果が参考になる。なお、同じ浸水深であっても、津波の到達時間・流速、土地利用の状況、漂流物の存在等によって人的災害や建物被害の発生の程度が異なりうることから、地域の実情や住民等の特性を踏まえるよう努める必要がある。

第5章 津波災害警戒区域、津波災害特別警戒区域

　特別警戒区域の指定に当たっては、制限の対象となる用途等と関連する都市・建築、福祉・医療、教育、防災等の関係部局、市町村や関係者が緊密な連携を図って連絡調整等を行うとともに、指定後においても継続的な意思疎通を図っていくことが必要である。

5－4　警戒区域及び特別警戒区域の指定後の対応

　警戒区域及び特別警戒区域を指定するときは、その旨や指定の区域等を公示することとなるが、津波ハザードマップに記載するなど様々なツールを活用して住民等に対する周知に万全を期するよう努めるものとする。
　また、地震等の影響により地形的条件が変化したり、新たに海岸保全施設や津波防護施設等が整備されたりすること等により、津波浸水想定が見直された場合など、警戒区域又は特別警戒区域の見直しが必要となったときには、上記の指定の際と同様の考え方により、これらの状況の変化に合わせた対応を図ることが望ましい。

第6章　その他の規定等

6-1　土地取引の監視（法第94条）

(1) 趣旨

　推進計画の区域内において、高値での売却を見込んで津波防災地域づくりに関する事業が想定される地域の土地を取得するような不当な土地取引を抑制するため、都道府県知事又は指定都市の長（以下「都道府県知事等」）による土地取引の監視についての努力義務を設けたもの。

(2) 内容

　国土利用計画法第27条の6の規定により、都道府県知事等は、当該都道府県又は指定都市の区域のうち、地価が急激に上昇し、又は上昇するおそれがあり、これによって適正かつ合理的な土地利用の確保が困難となるおそれがあると認められる区域を、期間を定めて、監視区域として指定することができることとされている。

　推進計画の区域内で地価が急激に上昇すると、津波防災地域づくりに必要な用地取得に支障が生じるおそれがあること等から、都道府県知事等は、同計画の区域のうち、地価が急激に上昇し、又は上昇するおそれがあり、これによって適正かつ合理的な土地利用の確保が困難となるおそれがあると認められる区域を監視区域として指定するよう努めるものとする規定である。

第6章　その他の規定等

6－2　地籍調査の推進に資する調査（法第95条）

(1)　趣旨

　今般の震災の被災地では、津波により土地の境界標等が喪失した地域や局所的な地割れ等により土地の境界が不明になった地域があり、迅速な復旧・復興のために土地の境界の明確化が重要な課題となっているが、土地の境界の明確化に当たっては、地方公共団体が実施することとされている地籍調査が有益である。

　このような状況を踏まえると、推進計画区域においても、地籍調査を着実に実施することにより、津波による災害の防止又は軽減のための事業の円滑化のほか、万が一災害が発生した場合の土地の境界の復元による迅速な復旧・復興に貢献できる。

　このため、国としても、地方公共団体において実施することとされている地籍調査の推進を図るため、地籍調査の推進に資する調査について国の努力義務規定を設けることとしたもの。

(2)　内容

　地籍調査の推進に資する調査としては、国土調査法第2条第1項及び第2項の規定に基づき、地籍調査の基礎とするために国が行う基本調査がある。具体的には、道路等と民有地の間の境界で地区の骨格となる官民境界等の明確化を図る都市部官民境界基本調査があり、この基本調査を国が実施しているところである。

　この都市部官民境界基本調査を国が先行的に実施してその成果を活用することができれば、その後の地籍調査の促進や円滑な公共事業の着手が可能となる。このため、都市部官民境界基本調査を始めとする地籍調査の推進に資する調査を国が行うよう努めるものとする旨の規定を設けることとしたもの。

6－3　整備法の概要

「津波防災地域づくりに関する法律の施行に伴う関係法律の整備等に関する法律」は、法の施行に伴い、水防法、土地収用法、都市計画法その他の関係法律について必要な規定の整備を行うものである。

具体的には、東日本大震災に伴う津波のような大規模な津波災害を克服するためには、海岸堤防の整備等のハード施策とともに、警戒避難体制の整備等のソフト施策を組み合わせる多面的な防御策を講じる必要があることから、従来より水防活動について定めている水防法を改正し、

① 目的等の規定において「津波」を明確化する。
② 水防計画について、津波発生時の水防活動など危険を伴う活動に従事する者の安全の確保に配慮することとする。
③ 洪水、津波又は高潮による著しく激甚な災害が発生した場合に、国土交通大臣が浸入した水の排除等の水防活動を緊急に行うことができることとする。

などの規定の整備を行うこととしている。

その他の主な内容は次の通り。

○土地収用法の一部改正

　津波防護施設に関する事業を、土地を収用し、又は使用することができる公共の利益となる事業とする。

○都市計画法の一部改正

① 一団地の津波防災拠点市街地形成施設を都市施設に位置付けることに伴い、所要の措置を講ずることとする。
② 津波災害特別警戒区域内の開発行為の許可に関し、法上同区域において許可を要する特定開発行為に対応した技術的基準及び手続の特例を設ける。

第7章　津波防災地域づくりによる被災地復興への支援

7-1　復興特区法との関係

　法は、ハード・ソフトの施策を総動員し、被災地に限らず全国において、多重防御による津波防災地域づくりを推進するための措置を定めている。一方、復興特区法は、被災地域において、東日本大震災からの復興を円滑かつ迅速に進めるための措置を定めている。被災地の復興に関しては、法と復興特区法を一体的に運用することで、大きな効果が期待できるものである。

　まず、復興特区法によって創設された「復興交付金」は、法が定める「一団地の津波防災拠点市街地形成施設」を前提とした津波復興拠点整備事業を対象

図7-1　被災地における津波防災地域づくりに関する法律による支援について

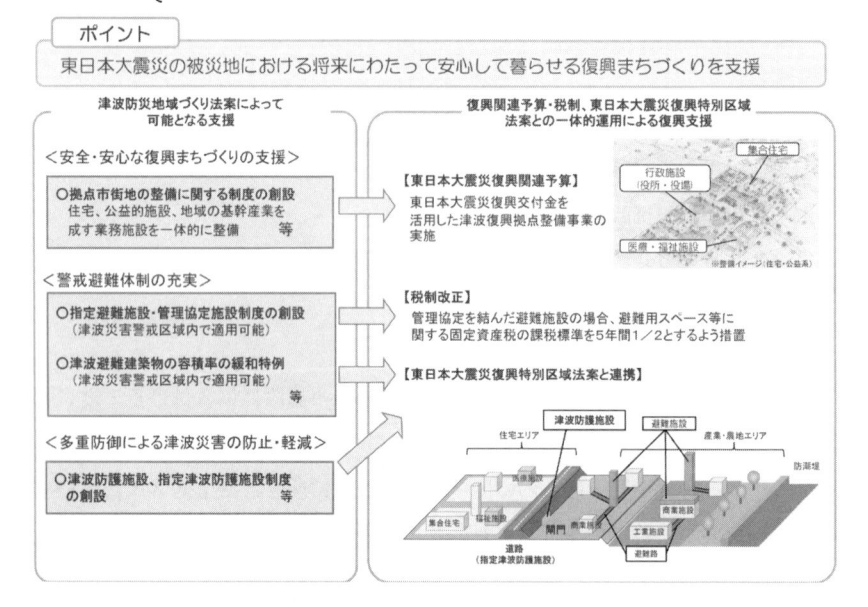

に含んでいる。また、復興特区法の復興整備計画の区域内において適用される津波避難建築物の容積率規制の緩和及び津波防護施設に係る制度も法の制度を前提としている。（図7－1）

　なお、復興特区法において、復興整備計画において、法に関連する一定の事項が定められたときは、津波防護施設管理者は、推進計画によらず、当該復興整備計画に則して、津波防護施設の新設又は改良を行うことができることとし、また、当該復興整備計画の計画区域を推進計画区域とみなして、津波避難建築物の容積率の特例及び指定津波防護施設の指定の規定を適用できることとしている。

●復興特区法第76条

　「被災関連市町村のうち平成23年3月11日に発生した東北地方太平洋沖地震の津波による被害を受けた市町村（津波防災地域づくりに関する法律第10条第1項に規定する推進計画を作成した市町村を除く。次項において同じ。）が、復興整備計画において、同法第3条第1項に規定する基本指針に基づき、同法第10条第3項第1号及び第2号に掲げる事項に相当する事項を記載し、かつ、津波による災害を防止し、又は軽減することを目的として実施する第46条第2項第4号イ又はハからへまでのいずれかに該当する事業に関する事項及び同号トに掲げる事項を記載した場合においては、当該復興整備計画が同条第6項の規定により公表されたときは、同法第2条第11項に規定する津波防護施設管理者は、同法第19条の規定にかかわらず、計画区域内において、当該復興整備計画に即して、津波防護施設の新設又は改良を行うことができる。

２　被災関連市町村のうち平成23年3月11日に発生した東北地方太平洋沖地震の津波による被害を受けた市町村が、復興整備計画において、津波防災地域づくりに関する法律第3条第1項に規定する基本指針に基づき、同法第10条第3項第1号及び第2号に掲げる事項に相当する事項を記載し、かつ、津波による災害を防止し、又は軽減することを目的として実施する第46条第2項第4号イ又はハからトまでのいずれかに該当する事業に関する事項を記載した場合においては、当該復興整備計画が同条第6項の規定により公表されたときは、計画

区域を同法第10条第2項に規定する推進計画区域とみなして、同法第15条及び第50条第1項の規定を適用する。」

7−2　復興関連税制措置

　法に関連する復興関連税制特例措置としては、管理協定が締結された津波避難施設のうち、協定避難用部分等の固定資産税の減税を行うこととしている。加えて、推進計画に基づき整備された港湾施設等の固定資産税の減税を行うこととしている。

【参考】復興関連税制特例措置（固定資産税）の内容
①津波避難施設に係る特例
　　津波防災地域づくりに関する法律に基づく津波災害警戒区域において、同法の施行の日から平成27年3月31日までの間に、同法に規定する管理協定の対象となった津波避難施設について、避難の用に供する部分並びに誘導設備及び自動解錠装置に係る固定資産税の課税標準を5年間価格の2分の1とする措置を講じます。
②津波対策に資する港湾施設等に係る特例
　　津波防災地域づくりに関する法律に規定する推進計画に基づき、同法の施行の日から平成28年3月31日までの間に、臨港地区において、護岸、防潮堤及び胸壁並びに津波避難用の構築物を取得又は改良した場合には、固定資産税の課税標準を4年間価格の2分の1とする措置を講じます。

参考資料

参考1　法律、政令等
参考2　緊急提言
参考3　基本指針等

参考資料

〔参考1〕法律、政令等

●津波防災地域づくりに関する法律

〔平成23年12月14日〕
〔法 律 第 123 号〕

目次

第1章　総則（第1条・第2条）
第2章　基本指針等（第3条―第5条）
第3章　津波浸水想定の設定等（第6条―第9条）
第4章　推進計画の作成等（第10条・第11条）
第5章　推進計画区域における特別の措置
　第1節　土地区画整理事業に関する特例（第12条―第14条）
　第2節　津波からの避難に資する建築物の容積率の特例（第15条）
　第3節　集団移転促進事業に関する特例（第16条）
第6章　一団地の津波防災拠点市街地形成施設に関する都市計画（第17条）
第7章　津波防護施設等
　第1節　津波防護施設の管理（第18条―第37条）
　第2節　津波防護施設に関する費用（第38条―第49条）
　第3節　指定津波防護施設（第50条―第52条）
第8章　津波災害警戒区域（第53条―第71条）
第9章　津波災害特別警戒区域（第72条―第92条）
第10章　雑則（第93条―第98条）
第11章　罰則（第99条―第103条）
附則

　　第1章　総則

（目的）

第1条　この法律は、津波による災害を防止し、又は軽減する効果が高く、将来にわたって安心して暮らすことのできる安全な地域の整備、利用及び保全（以下「津波防災地域づくり」という。）を総合的に推進することにより、津波による災害から国民の生命、身体及び財産の保護を図るため、国土交通大臣による基本指針の策定、市町村による推進計画の作成、推進計画区域における特別の措置及び一団地の津波防災拠点

市街地形成施設に関する都市計画に関する事項について定めるとともに、津波防護施設の管理、津波災害警戒区域における警戒避難体制の整備並びに津波災害特別警戒区域における一定の開発行為及び建築物の建築等の制限に関する措置等について定め、もって公共の福祉の確保及び地域社会の健全な発展に寄与することを目的とする。

（定義）

第2条　この法律において「海岸保全施設」とは、海岸法（昭和31年法律第101号）第2条第1項に規定する海岸保全施設をいう。

2　この法律において「港湾施設」とは、港湾法（昭和25年法律第218号）第2条第5項に規定する港湾施設をいう。

3　この法律において「漁港施設」とは、漁港漁場整備法（昭和25年法律第137号）第3条に規定する漁港施設をいう。

4　この法律において「河川管理施設」とは、河川法（昭和39年法律第167号）第3条第2項に規定する河川管理施設をいう。

5　この法律において「海岸管理者」とは、海岸法第2条第3項に規定する海岸管理者をいう。

6　この法律において「港湾管理者」とは、港湾法第2条第1項に規定する港湾管理者をいう。

7　この法律において「漁港管理者」とは、漁港漁場整備法第25条の規定により決定された地方公共団体をいう。

8　この法律において「河川管理者」とは、河川法第7条に規定する河川管理者をいう。

9　この法律において「保安施設事業」とは、森林法（昭和26年法律第249号）第41条第3項に規定する保安施設事業をいう。

10　この法律において「津波防護施設」とは、盛土構造物、閘門その他の政令で定める施設（海岸保全施設、港湾施設、漁港施設及び河川管理施設並びに保安施設事業に係る施設であるものを除く。）であって、第8条第1項に規定する津波浸水想定を踏まえて津波による人的災害を防止し、又は軽減するために都道府県知事又は市町村長が管理するものをいう。

11　この法律において「津波防護施設管理者」とは、第18条第1項又は第2項の規定により津波防護施設を管理する都道府県知事又は市町村長をいう。

12　この法律において「公共施設」とは、道路、公園、下水道その他政令で定める公共の用に供する施設をいう。

13　この法律において「公益的施設」とは、教育施設、医療施設、官公庁施設、購買施設その他の施設で、居住者の共同の福祉又は利便のために必要なものをいう。

14 この法律において「特定業務施設」とは、事務所、事業所その他の業務施設で、津波による災害の発生のおそれが著しく、かつ、当該災害を防止し、又は軽減する必要性が高いと認められる区域（当該区域に隣接し、又は近接する区域を含む。）の基幹的な産業の振興、当該区域内の地域における雇用機会の創出及び良好な市街地の形成に寄与するもののうち、公益的施設以外のものをいう。

15 この法律において「一団地の津波防災拠点市街地形成施設」とは、前項に規定する区域内の都市機能を津波が発生した場合においても維持するための拠点となる市街地を形成する一団地の住宅施設、特定業務施設又は公益的施設及び公共施設をいう。

　　　第2章　基本指針等

（基本指針）

第3条　国土交通大臣は、津波防災地域づくりの推進に関する基本的な指針（以下「基本指針」という。）を定めなければならない。

2　基本指針においては、次に掲げる事項を定めるものとする。

　一　津波防災地域づくりの推進に関する基本的な事項
　二　第6条第1項の調査について指針となるべき事項
　三　第8条第1項に規定する津波浸水想定の設定について指針となるべき事項
　四　第10条第1項に規定する推進計画の作成について指針となるべき事項
　五　第53条第1項の津波災害警戒区域及び第72条第1項の津波災害特別警戒区域の指定について指針となるべき事項

3　国土交通大臣は、基本指針を定めようとするときは、あらかじめ、内閣総理大臣、総務大臣及び農林水産大臣に協議するとともに、社会資本整備審議会の意見を聴かなければならない。

4　国土交通大臣は、基本指針を定めたときは、遅滞なく、これを公表しなければならない。

5　前2項の規定は、基本指針の変更について準用する。

（国及び地方公共団体の責務）

第4条　国及び地方公共団体は、津波による災害の防止又は軽減が効果的に図られるようにするため、津波防災地域づくりに関する施策を、民間の資金、経営能力及び技術的能力の活用に配慮しつつ、地域の実情に応じ適切に組み合わせて一体的に講ずるよう努めなければならない。

（施策における配慮）

第5条　国及び地方公共団体は、この法律に規定する津波防災地域づくりを推進するための施策の策定及び実施に当たっては、地域における創意工夫を尊重し、並びに住民

の生活の安定及び福祉の向上並びに地域経済の活性化に配慮するとともに、地域住民、民間事業者等の理解と協力を得るよう努めなければならない。

　　　第3章　津波浸水想定の設定等
　（基礎調査）
第6条　都道府県は、基本指針に基づき、第8条第1項に規定する津波浸水想定の設定又は変更のために必要な基礎調査として、津波による災害の発生のおそれがある沿岸の陸域及び海域に関する地形、地質、土地利用の状況その他の事項に関する調査を行うものとする。
2　国土交通大臣は、この法律を施行するため必要があると認めるときは、都道府県に対し、前項の調査の結果について必要な報告を求めることができる。
3　国土交通大臣は、都道府県による第8条第1項に規定する津波浸水想定の設定又は変更に資する基礎調査として、津波による災害の発生のおそれがある沿岸の陸域及び海域に関する地形、地質その他の事項に関する調査であって広域的な見地から必要とされるものを行うものとする。
4　国土交通大臣は、関係都道府県に対し、前項の調査の結果を通知するものとする。
　（基礎調査のための土地の立入り等）
第7条　都道府県知事若しくは国土交通大臣又はこれらの命じた者若しくは委任した者は、前条第1項又は第3項の調査（次条第1項及び第9条において「基礎調査」という。）のためにやむを得ない必要があるときは、その必要な限度において、他人の占有する土地に立ち入り、又は特別の用途のない他人の土地を作業場として一時使用することができる。
2　前項の規定により他人の占有する土地に立ち入ろうとする者は、あらかじめ、その旨を当該土地の占有者に通知しなければならない。ただし、あらかじめ通知することが困難であるときは、この限りでない。
3　第1項の規定により宅地又は垣、柵等で囲まれた他人の占有する土地に立ち入ろうとする場合においては、その立ち入ろうとする者は、立入りの際、あらかじめ、その旨を当該土地の占有者に告げなければならない。
4　日の出前及び日没後においては、土地の占有者の承諾があった場合を除き、前項に規定する土地に立ち入ってはならない。
5　第1項の規定により他人の占有する土地に立ち入ろうとする者は、その身分を示す証明書を携帯し、関係人の請求があったときは、これを提示しなければならない。
6　第1項の規定により特別の用途のない他人の土地を作業場として一時使用しようとする者は、あらかじめ、当該土地の占有者及び所有者に通知して、その意見を聴かな

ければならない。
7　土地の占有者又は所有者は、正当な理由がない限り、第1項の規定による立入り又は一時使用を拒み、又は妨げてはならない。
8　都道府県又は国は、第1項の規定による立入り又は一時使用により損失を受けた者がある場合においては、その者に対して、通常生ずべき損失を補償しなければならない。
9　前項の規定による損失の補償については、都道府県又は国と損失を受けた者とが協議しなければならない。
10　前項の規定による協議が成立しない場合においては、都道府県又は国は、自己の見積もった金額を損失を受けた者に支払わなければならない。この場合において、当該金額について不服のある者は、政令で定めるところにより、補償金の支払を受けた日から30日以内に、収用委員会に土地収用法（昭和26年法律第219号）第94条第2項の規定による裁決を申請することができる。

（津波浸水想定）
第8条　都道府県知事は、基本指針に基づき、かつ、基礎調査の結果を踏まえ、津波浸水想定（津波があった場合に想定される浸水の区域及び水深をいう。以下同じ。）を設定するものとする。
2　都道府県知事は、前項の規定により津波浸水想定を設定しようとするときは、国土交通大臣に対し、情報の提供、技術的な助言その他必要な援助を求めることができる。
3　都道府県知事は、第1項の規定により津波浸水想定を設定しようとする場合において、必要があると認めるときは、関係する海岸管理者及び河川管理者の意見を聴くものとする。
4　都道府県知事は、第1項の規定により津波浸水想定を設定したときは、速やかに、これを、国土交通大臣に報告し、かつ、関係市町村長に通知するとともに、公表しなければならない。
5　国土交通大臣は、前項の規定により津波浸水想定の設定について報告を受けたときは、社会資本整備審議会の意見を聴くものとし、必要があると認めるときは、都道府県知事に対し、必要な勧告をすることができる。
6　第2項から前項までの規定は、津波浸水想定の変更について準用する。

（基礎調査に要する費用の補助）
第9条　国は、都道府県に対し、予算の範囲内において、都道府県の行う基礎調査に要する費用の一部を補助することができる。

　　　第4章　推進計画の作成等

（推進計画）
第10条　市町村は、基本指針に基づき、かつ、津波浸水想定を踏まえ、単独で又は共同して、当該市町村の区域内について、津波防災地域づくりを総合的に推進するための計画（以下「推進計画」という。）を作成することができる。
2　推進計画においては、推進計画の区域（以下「推進計画区域」という。）を定めるものとする。
3　前項に規定するもののほか、推進計画においては、おおむね次に掲げる事項を定めるものとする。
　一　津波防災地域づくりの総合的な推進に関する基本的な方針
　二　津波浸水想定に定める浸水の区域（第50条第1項において「浸水想定区域」という。）における土地の利用及び警戒避難体制の整備に関する事項
　三　津波防災地域づくりの推進のために行う事業又は事務に関する事項であって、次に掲げるもの
　　イ　海岸保全施設、港湾施設、漁港施設及び河川管理施設並びに保安施設事業に係る施設の整備に関する事項
　　ロ　津波防護施設の整備に関する事項
　　ハ　一団地の津波防災拠点市街地形成施設の整備に関する事業、土地区画整理法（昭和29年法律第119号）第2条第1項に規定する土地区画整理事業（以下「土地区画整理事業」という。）、都市再開発法（昭和44年法律第38号）第2条第1号に規定する市街地再開発事業その他の市街地の整備改善のための事業に関する事項
　　ニ　避難路、避難施設、公園、緑地、地域防災拠点施設その他の津波の発生時における円滑な避難の確保のための施設の整備及び管理に関する事項
　　ホ　防災のための集団移転促進事業に係る国の財政上の特別措置等に関する法律（昭和47年法律第132号。第16条において「集団移転促進法」という。）第2条第2項に規定する集団移転促進事業（第16条において「集団移転促進事業」という。）に関する事項
　　ヘ　国土調査法（昭和26年法律第180号）第2条第5項に規定する地籍調査（第95条において「地籍調査」という。）の実施に関する事項
　　ト　津波防災地域づくりの推進のために行う事業に係る民間の資金、経営能力及び技術的能力の活用の促進に関する事項
4　推進計画は、都市計画法（昭和43年法律第100号）第18条の2第1項の市町村の都市計画に関する基本的な方針との調和が保たれたものでなければならない。
5　市町村は、推進計画を作成しようとする場合において、次条第1項に規定する協議

会が組織されていないときは、これに定めようとする第3項第2号及び第3号イからヘまでに掲げる事項について都道府県に、これに定めようとする同号イからヘまでに掲げる事項について関係管理者等（関係する海岸管理者、港湾管理者、漁港管理者、河川管理者、保安施設事業を行う農林水産大臣若しくは都道府県又は津波防護施設管理者をいう。以下同じ。）その他同号イからヘまでに規定する事業又は事務を実施すると見込まれる者に、それぞれ協議しなければならない。

6　市町村は、推進計画のうち、第3項第3号イ及びロに掲げる事項については、関係管理者等が作成する案に基づいて定めるものとする。

7　市町村は、必要があると認めるときは、関係管理者等に対し、前項の案の作成に当たり、津波防災地域づくりを総合的に推進する観点から配慮すべき事項を申し出ることができる。

8　前項の規定による申出を受けた関係管理者等は、当該申出を尊重するものとする。

9　市町村は、推進計画を作成したときは、遅滞なく、これを公表するとともに、国土交通大臣、都道府県及び関係管理者等その他第3項第3号イからヘまでに規定する事業又は事務を実施すると見込まれる者に、推進計画を送付しなければならない。

10　国土交通大臣及び都道府県は、前項の規定により推進計画の送付を受けたときは、市町村に対し、必要な助言をすることができる。

11　国土交通大臣は、前項の助言を行うに際し必要と認めるときは、農林水産大臣その他関係行政機関の長に対し、意見を求めることができる。

12　第5項から前項までの規定は、推進計画の変更について準用する。

（協議会）

第11条　推進計画を作成しようとする市町村は、推進計画の作成に関する協議及び推進計画の実施に係る連絡調整を行うための協議会（以下この条において「協議会」という。）を組織することができる。

2　協議会は、次に掲げる者をもって構成する。
　一　推進計画を作成しようとする市町村
　二　前号の市町村の区域をその区域に含む都道府県
　三　関係管理者等その他前条第3項第3号イからヘまでに規定する事業又は事務を実施すると見込まれる者
　四　学識経験者その他の当該市町村が必要と認める者

3　第1項の規定により協議会を組織する市町村は、同項に規定する協議を行う旨を前項第2号及び第3号に掲げる者に通知しなければならない。

4　前項の規定による通知を受けた者は、正当な理由がある場合を除き、当該通知に係

る協議に応じなければならない。
5　協議会において協議が調った事項については、協議会の構成員はその協議の結果を尊重しなければならない。
6　前各項に定めるもののほか、協議会の運営に関し必要な事項は、協議会が定める。
第5章　推進計画区域における特別の措置
第1節　土地区画整理事業に関する特例
（津波防災住宅等建設区）
第12条　津波による災害の発生のおそれが著しく、かつ、当該災害を防止し、又は軽減する必要性が高いと認められる区域内の土地を含む土地（推進計画区域内にあるものに限る。）の区域において津波による災害を防止し、又は軽減することを目的とする土地区画整理事業の事業計画においては、施行地区（土地区画整理法第2条第4項に規定する施行地区をいう。以下同じ。）内の津波による災害の防止又は軽減を図るための措置が講じられた又は講じられる土地の区域における住宅及び公益の施設の建設を促進するため特別な必要があると認められる場合には、国土交通省令で定めるところにより、当該土地の区域であって、住宅及び公益的施設の用に供すべきもの（以下「津波防災住宅等建設区」という。）を定めることができる。
2　津波防災住宅等建設区は、施行地区において津波による災害を防止し、又は軽減し、かつ、住宅及び公益的施設の建設を促進する上で効果的であると認められる位置に定め、その面積は、住宅及び公益的施設が建設される見込みを考慮して相当と認められる規模としなければならない。
3　事業計画において津波防災住宅等建設区を定める場合には、当該事業計画は、推進計画に記載された第10条第3項第3号ハに掲げる事項（土地区画整理事業に係る部分に限る。）に適合して定めなければならない。
（津波防災住宅等建設区への換地の申出等）
第13条　前条第1項の規定により事業計画において津波防災住宅等建設区が定められたときは、施行地区内の住宅又は公益的施設の用に供する宅地（土地区画整理法第2条第6項に規定する宅地をいう。以下同じ。）の所有者で当該宅地についての換地に住宅又は公益的施設を建設しようとするものは、施行者（当該津波防災住宅等建設区に係る土地区画整理事業を施行する者をいう。以下この条において同じ。）に対し、国土交通省令で定めるところにより、同法第86条第1項の換地計画（第4項及び次条において「換地計画」という。）において当該宅地についての換地を津波防災住宅等建設区内に定めるべき旨の申出をすることができる。
2　前項の規定による申出に係る宅地について住宅又は公益的施設の所有を目的とする

参考資料

借地権を有する者があるときは、当該申出についてその者の同意がなければならない。
3　第１項の規定による申出は、次の各号に掲げる場合の区分に応じ、当該各号に定める公告があった日から起算して60日以内に行わなければならない。
　一　事業計画が定められた場合　土地区画整理法第76条第１項各号に掲げる公告（事業計画の変更の公告又は事業計画の変更についての認可の公告を除く。）
　二　事業計画の変更により新たに津波防災住宅等建設区が定められた場合　当該事業計画の変更の公告又は当該事業計画の変更についての認可の公告
　三　事業計画の変更により従前の施行地区外の土地が新たに施行地区に編入されたことに伴い津波防災住宅等建設区の面積が拡張された場合　当該事業計画の変更の公告又は当該事業計画の変更についての認可の公告
4　施行者は、第１項の規定による申出があった場合には、遅滞なく、当該申出が次に掲げる要件に該当すると認めるときは、当該申出に係る宅地を、換地計画においてその宅地についての換地を津波防災住宅等建設区内に定められるべき宅地として指定し、当該申出が次に掲げる要件に該当しないと認めるときは、当該申出に応じない旨を決定しなければならない。
　一　当該申出に係る宅地に建築物その他の工作物（住宅及び公益的施設並びに容易に移転し、又は除却することができる工作物で国土交通省令で定めるものを除く。）が存しないこと。
　二　当該申出に係る宅地に地上権、永小作権、賃借権その他の当該宅地を使用し、又は収益することができる権利（住宅又は公益的施設の所有を目的とする借地権及び地役権を除く。）が存しないこと。
5　施行者は、前項の規定による指定又は決定をしたときは、遅滞なく、第１項の規定による申出をした者に対し、その旨を通知しなければならない。
6　施行者は、第４項の規定による指定をしたときは、遅滞なく、その旨を公告しなければならない。
7　施行者が土地区画整理法第14条第１項の規定により設立された土地区画整理組合である場合においては、最初の役員が選挙され、又は選任されるまでの間は、第１項の規定による申出は、同条第１項の規定による認可を受けた者が受理するものとする。
　（津波防災住宅等建設区への換地）
第14条　前条第４項の規定により指定された宅地については、換地計画において換地を津波防災住宅等建設区内に定めなければならない。
　　　　　第２節　津波からの避難に資する建築物の容積率の特例
第15条　推進計画区域（第53条第１項の津波災害警戒区域である区域に限る。）内の第56

条第１項第１号及び第２号に掲げる基準に適合する建築物については、防災上有効な備蓄倉庫その他これに類する部分で、建築基準法（昭和25年法律第201号）第２条第35号に規定する特定行政庁が交通上、安全上、防火上及び衛生上支障がないと認めるものの床面積は、同法第52条第１項、第２項、第７項、第12項及び第14項、第57条の２第３項第２号、第57条の３第２項、第59条第１項及び第３項、第59条の２第１項、第60条第１項、第60条の２第１項及び第４項、第68条の３第１項、第68条の４、第68条の５（第２号イを除く。）、第68条の５の２（第２号イを除く。）、第68条の５の３第１項（第１号ロを除く。）、第68条の５の４（第１号ロを除く。）、第68条の５の５第１項第１号ロ、第68条の８、第68条の９第１項、第86条第３項及び第４項、第86条の２第２項及び第３項、第86条の５第３項並びに第86条の６第１項に規定する建築物の容積率（同法第59条第１項、第60条の２第１項及び第68条の９第１項に規定するものについては、これらの規定に規定する建築物の容積率の最高限度に係る場合に限る。）の算定の基礎となる延べ面積に算入しない。

　　　第３節　集団移転促進事業に関する特例
第16条　集団移転促進事業（推進計画区域内に存する集団移転促進法第２条第１項に規定する移転促進区域に係るものであって、住民の生命、身体及び財産を津波による災害から保護することを目的とするものに限る。次項において同じ。）に係る集団移転促進事業計画（集団移転促進法第３条第１項に規定する集団移転促進事業計画をいう。次項において同じ。）は、推進計画に記載された第10条第３項第３号ホに掲げる事項に適合するものでなければならない。
２　都道府県は、市町村から集団移転促進事業につき一の市町村の区域を超える広域の見地からの調整を図る必要があることにより当該市町村が当該集団移転促進事業に係る集団移転促進事業計画を定めることが困難である旨の申出を受けた場合においては、当該申出に係る集団移転促進事業計画を定めることができる。この場合において、集団移転促進法第３条第１項、第４項及び第７項並びに第４条（見出しを含む。）中「市町村」とあるのは「都道府県」と、集団移転促進法第３条第１項中「集団移転促進事業を実施しようとするときは、」とあるのは「津波防災地域づくりに関する法律（平成23年法律第123号）第16条第２項の規定により同項の申出に係る」と、「定めなければならない。この場合においては」とあるのは「定める場合においては」と、同条第４項中「第１項後段」とあるのは「第１項」と、「都道府県知事を経由して、集団移転促進事業計画を」とあるのは「集団移転促進事業計画を」と、「当該都道府県知事は、当該集団移転促進事業計画についてその意見を国土交通大臣に申し出ることができる」とあるのは「当該都道府県は、当該集団移転促進事業計画について、あらかじめ、関

参考資料

係市町村の意見を聴かなければならない」と、同条第7項中「都道府県知事を経由して、国土交通大臣に」とあるのは「国土交通大臣に」とし、同条第8項の規定は、適用しない。

　　　第6章　一団地の津波防災拠点市街地形成施設に関する都市計画
第17条　次に掲げる条件のいずれにも該当する第2条第14項に規定する区域であって、当該区域内の都市機能を津波が発生した場合においても維持するための拠点となる市街地を形成することが必要であると認められるものについては、都市計画に一団地の津波防災拠点市街地形成施設を定めることができる。
　一　当該区域内の都市機能を津波が発生した場合においても維持するための拠点として一体的に整備される自然的経済的社会的条件を備えていること。
　二　当該区域内の土地の大部分が建築物（津波による災害により建築物が損傷した場合における当該損傷した建築物を除く。）の敷地として利用されていないこと。
2　一団地の津波防災拠点市街地形成施設に関する都市計画においては、次に掲げる事項を定めるものとする。
　一　住宅施設、特定業務施設又は公益的施設及び公共施設の位置及び規模
　二　建築物の高さの最高限度若しくは最低限度、建築物の延べ面積の敷地面積に対する割合の最高限度若しくは最低限度又は建築物の建築面積の敷地面積に対する割合の最高限度
3　一団地の津波防災拠点市街地形成施設に関する都市計画は、次に掲げるところに従って定めなければならない。
　一　前項第1号に規定する施設は、当該区域内の都市機能を津波が発生した場合においても維持するための拠点としての機能が確保されるよう、必要な位置に適切な規模で配置すること。
　二　前項第2号に掲げる事項は、当該区域内の都市機能を津波が発生した場合においても維持することが可能となるよう定めること。
　三　当該区域が推進計画区域である場合にあっては、推進計画に適合するよう定めること。

　　　第7章　津波防護施設等
　　　　第1節　津波防護施設の管理
（津波防護施設の管理）
第18条　津波防護施設の新設、改良その他の管理は、都道府県知事が行うものとする。
2　前項の規定にかかわらず、市町村長が管理することが適当であると認められる津波防護施設で都道府県知事が指定したものについては、当該津波防護施設の存する市町

村の長がその管理を行うものとする。
3　都道府県知事は、前項の規定による指定をしようとするときは、あらかじめ当該市町村長の意見を聴かなければならない。
4　都道府県知事は、第2項の規定により指定をするときは、国土交通省令で定めるところにより、これを公示しなければならない。これを変更するときも、同様とする。
第19条　津波防護施設の新設又は改良は、推進計画区域内において、推進計画に即して行うものとする。
　　（境界に係る津波防護施設の管理の特例）
第20条　都府県の境界に係る津波防護施設については、関係都府県知事は、協議して別にその管理の方法を定めることができる。
2　前項の規定による協議が成立した場合においては、関係都府県知事は、国土交通省令で定めるところにより、その成立した協議の内容を公示しなければならない。
3　第1項の規定による協議に基づき、一の都府県知事が他の都府県の区域内に存する津波防護施設について管理を行う場合においては、その都府県知事は、政令で定めるところにより、当該他の都府県知事に代わってその権限を行うものとする。
　　（津波防護施設区域の指定）
第21条　津波防護施設管理者は、次に掲げる土地の区域を津波防護施設区域として指定するものとする。
　一　津波防護施設の敷地である土地の区域
　二　前号の土地の区域に隣接する土地の区域であって、当該津波防護施設を保全するため必要なもの
2　前項第2号に掲げる土地の区域についての津波防護施設区域の指定は、当該津波防護施設を保全するため必要な最小限度の土地の区域に限ってするものとする。
3　津波防護施設管理者は、津波防護施設区域を指定するときは、国土交通省令で定めるところにより、その旨を公示しなければならない。これを変更し、又は廃止するときも、同様とする。
4　津波防護施設区域の指定、変更又は廃止は、前項の規定による公示によってその効力を生ずる。
　　（津波防護施設区域の占用）
第22条　津波防護施設区域内の土地（津波防護施設管理者以外の者がその権原に基づき管理する土地を除く。）を占用しようとする者は、国土交通省令で定めるところにより、津波防護施設管理者の許可を受けなければならない。
2　津波防護施設管理者は、前項の許可の申請があった場合において、その申請に係る

参考資料

事項が津波防護施設の保全に著しい支障を及ぼすおそれがあると認めるときは、これを許可してはならない。

（津波防護施設区域における行為の制限）

第23条　津波防護施設区域内の土地において、次に掲げる行為をしようとする者は、国土交通省令で定めるところにより、津波防護施設管理者の許可を受けなければならない。ただし、津波防護施設の保全に支障を及ぼすおそれがないものとして政令で定める行為については、この限りでない。
　一　津波防護施設以外の施設又は工作物（以下この章において「他の施設等」という。）の新築又は改築
　二　土地の掘削、盛土又は切土
　三　前2号に掲げるもののほか、津波防護施設の保全に支障を及ぼすおそれがあるものとして政令で定める行為
2　前条第2項の規定は、前項の許可について準用する。

（経過措置）

第24条　津波防護施設区域の指定の際現に権原に基づき、第22条第1項若しくは前条第1項の規定により許可を要する行為を行っている者又は同項の規定によりその設置について許可を要する他の施設等を設置している者は、従前と同様の条件により、当該行為又は他の施設等の設置について当該規定による許可を受けたものとみなす。同項ただし書若しくは同項第3号の政令又はこれを改廃する政令の施行の際現に権原に基づき、当該政令の施行に伴い新たに許可を要することとなる行為を行い、又は他の施設等を設置している者についても、同様とする。

（許可の特例）

第25条　国又は地方公共団体が行う事業についての第22条第1項及び第23条第1項の規定の適用については、国又は地方公共団体と津波防護施設管理者との協議が成立することをもって、これらの規定による許可があったものとみなす。

（占用料）

第26条　津波防護施設管理者は、国土交通省令で定める基準に従い、第22条第1項の許可を受けた者から占用料を徴収することができる。

（監督処分）

第27条　津波防護施設管理者は、次の各号のいずれかに該当する者に対して、その許可を取り消し、若しくはその条件を変更し、又はその行為の中止、他の施設等の改築、移転若しくは除却、他の施設等により生ずべき津波防護施設の保全上の障害を予防するために必要な施設の設置若しくは原状回復を命ずることができる。

一　第22条第1項又は第23条第1項の規定に違反した者
　二　第22条第1項又は第23条第1項の許可に付した条件に違反した者
　三　偽りその他不正な手段により第22条第1項又は第23条第1項の許可を受けた者
2　津波防護施設管理者は、次の各号のいずれかに該当する場合においては、第22条第1項又は第23条第1項の許可を受けた者に対し、前項に規定する処分をし、又は同項に規定する必要な措置を命ずることができる。
　一　津波防護施設に関する工事のためやむを得ない必要が生じたとき。
　二　津波防護施設の保全上著しい支障が生じたとき。
　三　津波防護施設の保全上の理由以外の理由に基づく公益上やむを得ない必要が生じたとき。
3　前2項の規定により必要な措置をとることを命じようとする場合において、過失がなくて当該措置を命ずべき者を確知することができないときは、津波防護施設管理者は、当該措置を自ら行い、又はその命じた者若しくは委任した者にこれを行わせることができる。この場合においては、相当の期限を定めて、当該措置を行うべき旨及びその期限までに当該措置を行わないときは、津波防護施設管理者又はその命じた者若しくは委任した者が当該措置を行う旨を、あらかじめ公告しなければならない。
4　津波防護施設管理者は、前項の規定により他の施設等を除却し、又は除却させたときは、当該他の施設等を保管しなければならない。
5　津波防護施設管理者は、前項の規定により他の施設等を保管したときは、当該他の施設等の所有者、占有者その他当該他の施設等について権原を有する者（第9項において「所有者等」という。）に対し当該他の施設等を返還するため、政令で定めるところにより、政令で定める事項を公示しなければならない。
6　津波防護施設管理者は、第4項の規定により保管した他の施設等が滅失し、若しくは破損するおそれがあるとき、又は前項の規定による公示の日から起算して3月を経過してもなお当該他の施設等を返還することができない場合において、政令で定めるところにより評価した当該他の施設等の価額に比し、その保管に不相当な費用若しくは手数を要するときは、政令で定めるところにより、当該他の施設等を売却し、その売却した代金を保管することができる。
7　津波防護施設管理者は、前項の規定による他の施設等の売却につき買受人がない場合において、同項に規定する価額が著しく低いときは、当該他の施設等を廃棄することができる。
8　第6項の規定により売却した代金は、売却に要した費用に充てることができる。
9　第3項から第6項までに規定する他の施設等の除却、保管、売却、公示その他の措

参考資料

置に要した費用は、当該他の施設等の返還を受けるべき所有者等その他第3項に規定する当該措置を命ずべき者の負担とする。
10　第5項の規定による公示の日から起算して6月を経過してもなお第4項の規定により保管した他の施設等（第6項の規定により売却した代金を含む。以下この項において同じ。）を返還することができないときは、当該他の施設等の所有権は、都道府県知事が保管する他の施設等にあっては当該都道府県知事が統括する都道府県、市町村長が保管する他の施設等にあっては当該市町村長が統括する市町村に帰属する。

（損失補償）
第28条　津波防護施設管理者は、前条第2項の規定による処分又は命令により損失を受けた者に対し通常生ずべき損失を補償しなければならない。
2　前項の規定による損失の補償については、津波防護施設管理者と損失を受けた者とが協議しなければならない。
3　前項の規定による協議が成立しない場合においては、津波防護施設管理者は、自己の見積もった金額を損失を受けた者に支払わなければならない。この場合において、当該金額について不服がある者は、政令で定めるところにより、補償金の支払を受けた日から30日以内に、収用委員会に土地収用法第94条第2項の規定による裁決を申請することができる。
4　津波防護施設管理者は、第1項の規定による補償の原因となった損失が前条第2項第3号に該当する場合における同項の規定による処分又は命令によるものであるときは、当該補償金額を当該理由を生じさせた者に負担させることができる。

（技術上の基準）
第29条　津波防護施設は、地形、地質、地盤の変動その他の状況を考慮し、自重、水圧及び波力並びに地震の発生、漂流物の衝突その他の事由による振動及び衝撃に対して安全な構造のものでなければならない。
2　前項に定めるもののほか、津波防護施設の形状、構造及び位置について、津波による人的災害の防止又は軽減のため必要とされる技術上の基準は、国土交通省令で定める基準を参酌して都道府県（第18条第2項の規定により市町村長が津波防護施設を管理する場合にあっては、当該市町村長が統括する市町村）の条例で定める。

（兼用工作物の工事等の協議）
第30条　津波防護施設と他の施設等とが相互に効用を兼ねる場合においては、津波防護施設管理者及び他の施設等の管理者は、協議して別に管理の方法を定め、当該津波防護施設及び他の施設等の工事、維持又は操作を行うことができる。
2　津波防護施設管理者は、前項の規定による協議に基づき、他の施設等の管理者が津

波防護施設の工事、維持又は操作を行う場合においては、国土交通省令で定めるところにより、その旨を公示しなければならない。
　（工事原因者の工事の施行等）
第31条　津波防護施設管理者は、津波防護施設に関する工事以外の工事（以下この章において「他の工事」という。）又は津波防護施設に関する工事若しくは津波防護施設の維持の必要を生じさせた行為（以下この章において「他の行為」という。）により必要を生じた津波防護施設に関する工事又は津波防護施設の維持を当該他の工事の施行者又は他の行為の行為者に施行させることができる。
２　前項の場合において、他の工事が河川工事（河川法が適用され、又は準用される河川の河川工事をいう。以下同じ。）、道路（道路法（昭和27年法律第180号）による道路をいう。以下同じ。）に関する工事、地すべり防止工事（地すべり等防止法（昭和33年法律第30号）第2条第4項に規定する地すべり防止工事をいう。以下同じ。）、急傾斜地崩壊防止工事（急傾斜地の崩壊による災害の防止に関する法律（昭和44年法律第57号）第2条第3項に規定する急傾斜地崩壊防止工事をいう。第43条第2項において同じ。）又は海岸保全施設に関する工事であるときは、当該津波防護施設に関する工事については、河川法第19条、道路法第23条第1項、地すべり等防止法第15条第1項、急傾斜地の崩壊による災害の防止に関する法律第16条第1項又は海岸法第17条第1項の規定を適用する。
　（附帯工事の施行）
第32条　津波防護施設管理者は、津波防護施設に関する工事により必要を生じた他の工事又は津波防護施設に関する工事を施行するため必要を生じた他の工事をその津波防護施設に関する工事と併せて施行することができる。
２　前項の場合において、他の工事が河川工事、道路に関する工事、砂防工事（砂防法（明治30年法律第29号）第1条に規定する砂防工事をいう。第44条第2項において同じ。）、地すべり防止工事又は海岸保全施設等（海岸法第8条の2第1項第1号に規定する海岸保全施設等をいう。第44条第2項において同じ。）に関する工事であるときは、当該他の工事の施行については、河川法第18条、道路法第22条第1項、砂防法第8条、地すべり等防止法第14条第1項又は海岸法第16条第1項の規定を適用する。
　（津波防護施設管理者以外の者の行う工事等）
第33条　津波防護施設管理者以外の者は、第20条第1項、第30条第1項及び第31条の規定による場合のほか、あらかじめ、政令で定めるところにより津波防護施設管理者の承認を受けて、津波防護施設に関する工事又は津波防護施設の維持を行うことができる。ただし、政令で定める軽易なものについては、津波防護施設管理者の承認を受け

参考資料

ることを要しない。
2　国又は地方公共団体が行う事業についての前項の規定の適用については、国又は地方公共団体と津波防護施設管理者との協議が成立することをもって、同項の規定による承認があったものとみなす。

（津波防護施設区域に関する調査のための土地の立入り等）
第34条　津波防護施設管理者又はその命じた者若しくは委任した者は、津波防護施設区域に関する調査若しくは測量又は津波防護施設に関する工事のためにやむを得ない必要があるときは、その必要な限度において、他人の占有する土地に立ち入り、又は特別の用途のない他人の土地を材料置場若しくは作業場として一時使用することができる。
2　第7条（第1項を除く。）の規定は、前項の規定による立入り及び一時使用について準用する。この場合において、同条第8項から第10項までの規定中「都道府県又は国」とあるのは、「津波防護施設管理者」と読み替えるものとする。

（津波防護施設の新設又は改良に伴う損失補償）
第35条　土地収用法第93条第1項の規定による場合を除き、津波防護施設管理者が津波防護施設を新設し、又は改良したことにより、当該津波防護施設に面する土地について、通路、溝、垣、柵その他の施設若しくは工作物を新築し、増築し、修繕し、若しくは移転し、又は盛土若しくは切土をするやむを得ない必要があると認められる場合においては、津波防護施設管理者は、これらの工事をすることを必要とする者（以下この条において「損失を受けた者」という。）の請求により、これに要する費用の全部又は一部を補償しなければならない。この場合において、津波防護施設管理者又は損失を受けた者は、補償金の全部又は一部に代えて、津波防護施設管理者が当該工事を施行することを要求することができる。
2　前項の規定による損失の補償は、津波防護施設に関する工事の完了の日から1年を経過した後においては、請求することができない。
3　第1項の規定による損失の補償については、津波防護施設管理者と損失を受けた者とが協議しなければならない。
4　前項の規定による協議が成立しない場合においては、津波防護施設管理者又は損失を受けた者は、政令で定めるところにより、収用委員会に土地収用法第94条第2項の規定による裁決を申請することができる。

（津波防護施設台帳）
第36条　津波防護施設管理者は、津波防護施設台帳を調製し、これを保管しなければならない。

2　津波防護施設管理者は、津波防護施設台帳の閲覧を求められたときは、正当な理由がなければこれを拒むことができない。

3　津波防護施設台帳の記載事項その他その調製及び保管に関し必要な事項は、国土交通省令で定める。

（許可等の条件）

第37条　津波防護施設管理者は、第22条第1項若しくは第23条第1項の許可又は第33条第1項の承認には、津波防護施設の保全上必要な条件を付することができる。

　　　第2節　津波防護施設に関する費用

（津波防護施設の管理に要する費用の負担原則）

第38条　津波防護施設管理者が津波防護施設を管理するために要する費用は、この法律及び他の法律に特別の規定がある場合を除き、当該津波防護施設管理者の属する地方公共団体の負担とする。

（津波防護施設の新設又は改良に要する費用の補助）

第39条　国は、津波防護施設の新設又は改良に関する工事で政令で定めるものを行う地方公共団体に対し、予算の範囲内において、政令で定めるところにより、当該工事に要する費用の一部を補助することができる。

（境界に係る津波防護施設の管理に要する費用の特例）

第40条　都府県の境界に係る津波防護施設について第20条第1項の規定による協議に基づき関係都府県知事が別に管理の方法を定めた場合においては、当該津波防護施設の管理に要する費用については、関係都府県知事は、協議してその分担すべき金額及び分担の方法を定めることができる。

（市町村の分担金）

第41条　前3条の規定により都道府県が負担する費用のうち、その工事又は維持が当該都道府県の区域内の市町村を利するものについては、当該工事又は維持による受益の限度において、当該市町村に対し、その工事又は維持に要する費用の一部を負担させることができる。

2　前項の費用について同項の規定により市町村が負担すべき金額は、当該市町村の意見を聴いた上、当該都道府県の議会の議決を経て定めなければならない。

（兼用工作物の費用）

第42条　津波防護施設が他の施設等の効用を兼ねるときは、当該津波防護施設の管理に要する費用の負担については、津波防護施設管理者と当該他の施設等の管理者とが協議して定めるものとする。

（原因者負担金）

参考資料

第43条　津波防護施設管理者は、他の工事又は他の行為により必要を生じた津波防護施設に関する工事又は津波防護施設の維持の費用については、その必要を生じた限度において、他の工事又は他の行為につき費用を負担する者にその全部又は一部を負担させるものとする。

2　前項の場合において、他の工事が河川工事、道路に関する工事、地すべり防止工事、急傾斜地崩壊防止工事又は海岸保全施設に関する工事であるときは、当該津波防護施設に関する工事の費用については、河川法第68条、道路法第59条第1項及び第3項、地すべり等防止法第35条第1項及び第3項、急傾斜地の崩壊による災害の防止に関する法律第22条第1項又は海岸法第32条第1項及び第3項の規定を適用する。

（附帯工事に要する費用）

第44条　津波防護施設に関する工事により必要を生じた他の工事又は津波防護施設に関する工事を施行するため必要を生じた他の工事に要する費用は、第22条第1項及び第23条第1項の許可に付した条件に特別の定めがある場合並びに第25条の規定による協議による場合を除き、その必要を生じた限度において、当該津波防護施設に関する工事について費用を負担する者がその全部又は一部を負担するものとする。

2　前項の場合において、他の工事が河川工事、道路に関する工事、砂防工事、地すべり防止工事又は海岸保全施設等に関する工事であるときは、他の工事に要する費用については、河川法第67条、道路法第58条第1項、砂防法第16条、地すべり等防止法第34条第1項又は海岸法第31条第1項の規定を適用する。

3　津波防護施設管理者は、第1項の津波防護施設に関する工事が他の工事又は他の行為のため必要となったものである場合においては、同項の他の工事に要する費用の全部又は一部をその必要を生じた限度において、その原因となった工事又は行為につき費用を負担する者に負担させることができる。

（受益者負担金）

第45条　津波防護施設管理者は、津波防護施設に関する工事によって著しく利益を受ける者がある場合においては、その利益を受ける限度において、当該工事に要する費用の一部を負担させることができる。

2　前項の場合において、負担金の徴収を受ける者の範囲及びその徴収方法については、都道府県知事が負担させるものにあっては当該都道府県知事が統括する都道府県の条例で、市町村長が負担させるものにあっては当該市町村長が統括する市町村の条例で定める。

（負担金の通知及び納入手続等）

第46条　第27条及び前3条の規定による負担金の額の通知及び納入手続その他負担金に

関し必要な事項は、政令で定める。
　（強制徴収）
第47条　第26条の規定に基づく占用料並びに第27条第9項、第42条、第43条第1項、第44条第3項及び第45条第1項の規定に基づく負担金（以下この条及び次条においてこれらを「負担金等」と総称する。）を納付しない者があるときは、津波防護施設管理者は、督促状によって納付すべき期限を指定して督促しなければならない。
2　前項の場合においては、津波防護施設管理者は、国土交通省令で定めるところにより延滞金を徴収することができる。ただし、延滞金は、年14.5パーセントの割合を乗じて計算した額を超えない範囲内で定めなければならない。
3　第1項の規定による督促を受けた者がその指定する期限までにその納付すべき金額を納付しないときは、津波防護施設管理者は、国税滞納処分の例により、前2項に規定する負担金等及び延滞金を徴収することができる。この場合における負担金等及び延滞金の先取特権の順位は、国税及び地方税に次ぐものとする。
4　延滞金は、負担金等に先立つものとする。
5　負担金等及び延滞金を徴収する権利は、5年間行わないときは、時効により消滅する。
　（収入の帰属）
第48条　負担金等及び前条第2項の延滞金は、都道府県知事が負担させるものにあっては当該都道府県知事が統括する都道府県、市町村長が負担させるものにあっては当該市町村長が統括する市町村の収入とする。
　（義務履行のために要する費用）
第49条　前節の規定又は同節の規定に基づく処分による義務を履行するために必要な費用は、同節又はこの節に特別の規定がある場合を除き、当該義務者が負担しなければならない。
　　　　第3節　指定津波防護施設
　（指定津波防護施設の指定等）
第50条　都道府県知事は、浸水想定区域（推進計画区域内のものに限る。以下この項において同じ。）内に存する第2条第10項の政令で定める施設（海岸保全施設、港湾施設、漁港施設、河川管理施設、保安施設事業に係る施設及び津波防護施設であるものを除く。）が、当該浸水想定区域における津波による人的災害を防止し、又は軽減するために有用であると認めるときは、当該施設を指定津波防護施設として指定することができる。
2　都道府県知事は、前項の規定による指定をしようとするときは、あらかじめ、当該

指定をしようとする施設が存する市町村の長の意見を聴くとともに、当該施設の所有者の同意を得なければならない。
3　都道府県知事は、第1項の規定による指定をするときは、国土交通省令で定めるところにより、当該指定津波防護施設を公示するとともに、その旨を当該指定津波防護施設が存する市町村の長及び当該指定津波防護施設の所有者に通知しなければならない。
4　第1項の規定による指定は、前項の規定による公示によってその効力を生ずる。
5　前3項の規定は、第1項の規定による指定の解除について準用する。

（標識の設置等）
第51条　都道府県知事は、前条第1項の規定により指定津波防護施設を指定したときは、国土交通省令で定める基準を参酌して都道府県の条例で定めるところにより、指定津波防護施設又はその敷地である土地の区域内に、それぞれ指定津波防護施設である旨又は指定津波防護施設が当該区域内に存する旨を表示した標識を設けなければならない。
2　指定津波防護施設又はその敷地である土地の所有者、管理者又は占有者は、正当な理由がない限り、前項の標識の設置を拒み、又は妨げてはならない。
3　何人も、第1項の規定により設けられた標識を都道府県知事の承諾を得ないで移転し、若しくは除却し、又は汚損し、若しくは損壊してはならない。
4　都道府県は、第1項の規定による行為により損失を受けた者がある場合においては、その損失を受けた者に対して、通常生ずべき損失を補償しなければならない。
5　前項の規定による損失の補償については、都道府県と損失を受けた者とが協議しなければならない。
6　前項の規定による協議が成立しない場合においては、都道府県又は損失を受けた者は、政令で定めるところにより、収用委員会に土地収用法第94条第2項の規定による裁決を申請することができる。

（行為の届出等）
第52条　指定津波防護施設について、次に掲げる行為をしようとする者は、当該行為に着手する日の30日前までに、国土交通省令で定めるところにより、行為の種類、場所、設計又は施行方法、着手予定日その他国土交通省令で定める事項を都道府県知事に届け出なければならない。ただし、通常の管理行為、軽易な行為その他の行為で政令で定めるもの及び非常災害のため必要な応急措置として行う行為については、この限りでない。
一　当該指定津波防護施設の敷地である土地の区域における土地の掘削、盛土又は切

土その他土地の形状を変更する行為
　二　当該指定津波防護施設の改築又は除却
2　都道府県知事は、前項の規定による届出を受けたときは、国土交通省令で定めるところにより、当該届出の内容を、当該指定津波防護施設が存する市町村の長に通知しなければならない。
3　都道府県知事は、第1項の規定による届出があった場合において、当該指定津波防護施設が有する津波による人的災害を防止し、又は軽減する機能の保全のため必要があると認めるときは、当該届出をした者に対して、必要な助言又は勧告をすることができる。

　　　第8章　津波災害警戒区域
　（津波災害警戒区域）
第53条　都道府県知事は、基本指針に基づき、かつ、津波浸水想定を踏まえ、津波が発生した場合には住民その他の者（以下「住民等」という。）の生命又は身体に危害が生ずるおそれがあると認められる土地の区域で、当該区域における津波による人的災害を防止するために警戒避難体制を特に整備すべき土地の区域を、津波災害警戒区域（以下「警戒区域」という。）として指定することができる。
2　前項の規定による指定は、当該指定の区域及び基準水位（津波浸水想定に定める水深に係る水位に建築物等への衝突による津波の水位の上昇を考慮して必要と認められる値を加えて定める水位であって、津波の発生時における避難並びに第73条第1項に規定する特定開発行為及び第82条に規定する特定建築行為の制限の基準となるべきものをいう。以下同じ。）を明らかにしてするものとする。
3　都道府県知事は、第1項の規定による指定をしようとするときは、あらかじめ、関係市町村長の意見を聴かなければならない。
4　都道府県知事は、第1項の規定による指定をするときは、国土交通省令で定めるところにより、その旨並びに当該指定の区域及び基準水位を公示しなければならない。
5　都道府県知事は、前項の規定による公示をしたときは、速やかに、国土交通省令で定めるところにより、関係市町村長に、同項の規定により公示された事項を記載した図書を送付しなければならない。
6　第2項から前項までの規定は、第1項の規定による指定の変更又は解除について準用する。

　（市町村地域防災計画に定めるべき事項等）
第54条　市町村防災会議（災害対策基本法（昭和36年法律第223号）第16条第1項の市町村防災会議をいい、これを設置しない市町村にあっては、当該市町村の長とする。以

参考資料

下同じ。)は、前条第1項の規定による警戒区域の指定があったときは、市町村地域防災計画(同法第42条第1項の市町村地域防災計画をいう。以下同じ。)において、当該警戒区域ごとに、次に掲げる事項について定めるものとする。
一　人的災害を生ずるおそれがある津波に関する情報の収集及び伝達並びに予報又は警報の発令及び伝達に関する事項
二　避難施設その他の避難場所及び避難路その他の避難経路に関する事項
三　災害対策基本法第48条第1項の防災訓練として市町村長が行う津波に係る避難訓練(第70条において「津波避難訓練」という。)の実施に関する事項
四　警戒区域内に、地下街等(地下街その他地下に設けられた不特定かつ多数の者が利用する施設をいう。第71条第1項第1号において同じ。)又は社会福祉施設、学校、医療施設その他の主として防災上の配慮を要する者が利用する施設であって、当該施設の利用者の津波の発生時における円滑かつ迅速な避難を確保する必要があると認められるものがある場合にあっては、これらの施設の名称及び所在地
五　前各号に掲げるもののほか、警戒区域における津波による人的災害を防止するために必要な警戒避難体制に関する事項
2　市町村防災会議は、前項の規定により市町村地域防災計画において同項第4号に掲げる事項を定めるときは、当該市町村地域防災計画において、同号に規定する施設の利用者の津波の発生時における円滑かつ迅速な避難の確保が図られるよう、同項第1号に掲げる事項のうち人的災害を生ずるおそれがある津波に関する情報、予報及び警報の伝達に関する事項を定めるものとする。

(住民等に対する周知のための措置)
第55条　警戒区域をその区域に含む市町村の長は、市町村地域防災計画に基づき、国土交通省令で定めるところにより、人的災害を生ずるおそれがある津波に関する情報の伝達方法、避難施設その他の避難場所及び避難路その他の避難経路に関する事項その他警戒区域における円滑な警戒避難を確保する上で必要な事項を住民等に周知させるため、これらの事項を記載した印刷物の配布その他の必要な措置を講じなければならない。

(指定避難施設の指定)
第56条　市町村長は、警戒区域において津波の発生時における円滑かつ迅速な避難の確保を図るため、警戒区域内に存する施設(当該市町村が管理する施設を除く。)であって次に掲げる基準に適合するものを指定避難施設として指定することができる。
一　当該施設が津波に対して安全な構造のものとして国土交通省令で定める技術的基準に適合するものであること。

二　基準水位以上の高さに避難上有効な屋上その他の場所が配置され、かつ、当該場所までの避難上有効な階段その他の経路があること。
三　津波の発生時において当該施設が住民等に開放されることその他当該施設の管理方法が内閣府令・国土交通省令で定める基準に適合するものであること。
2　市町村長は、前項の規定により指定避難施設を指定しようとするときは、当該施設の管理者の同意を得なければならない。
3　建築主事を置かない市町村の市町村長は、建築物又は建築基準法第88条第1項の政令で指定する工作物について第1項の規定による指定をしようとするときは、あらかじめ、都道府県知事に協議しなければならない。
4　市町村長は、第1項の規定による指定をしたときは、その旨を公示しなければならない。

（市町村地域防災計画における指定避難施設に関する事項の記載等）
第57条　市町村防災会議は、前条第1項の規定により指定避難施設が指定されたときは、当該指定避難施設に関する事項を、第54条第1項第2号の避難施設に関する事項として、同項の規定により市町村地域防災計画において定めるものとする。この場合においては、当該市町村地域防災計画において、併せて当該指定避難施設の管理者に対する人的災害を生ずるおそれがある津波に関する情報、予報及び警報の伝達方法を、同項第1号に掲げる事項として定めるものとする。

（指定避難施設に関する届出）
第58条　指定避難施設の管理者は、当該指定避難施設を廃止し、又は改築その他の事由により当該指定避難施設の現状に政令で定める重要な変更を加えようとするときは、内閣府令・国土交通省令で定めるところにより市町村長に届け出なければならない。

（指定の取消し）
第59条　市町村長は、当該指定避難施設が廃止され、又は第56条第1項各号に掲げる基準に適合しなくなったと認めるときは、同項の規定による指定を取り消すものとする。
2　市町村は、前項の規定により第56条第1項の規定による指定を取り消したときは、その旨を公示しなければならない。

（管理協定の締結等）
第60条　市町村は、警戒区域において津波の発生時における円滑かつ迅速な避難の確保を図るため、警戒区域内に存する施設（当該市町村が管理する施設を除く。）であって第56条第1項第1号及び第2号に掲げる基準に適合するものについて、その避難用部分（津波の発生時における避難の用に供する部分をいう。以下同じ。）を自ら管理する必要があると認めるときは、施設所有者等（当該施設の所有者、その敷地である土地

参考資料

の所有者又は当該土地の使用及び収益を目的とする権利(臨時設備その他一時使用のため設定されたことが明らかなものを除く。次条第1項において同じ。)を有する者をいう。以下同じ。)との間において、管理協定を締結して当該施設の避難用部分の管理を行うことができる。
2　前項の規定による管理協定については、施設所有者等の全員の合意がなければならない。

第61条　市町村は、警戒区域において津波の発生時における円滑かつ迅速な避難の確保を図るため、警戒区域内において建設が予定されている施設又は建設中の施設であって、第56条第1項第1号及び第2号に掲げる基準に適合する見込みのもの(当該市町村が管理することとなる施設を除く。)について、その避難用部分を自ら管理する必要があると認めるときは、施設所有者等となろうとする者(当該施設の敷地である土地の所有者又は当該土地の使用及び収益を目的とする権利を有する者を含む。次項及び第68条において「予定施設所有者等」という。)との間において、管理協定を締結して建設後の当該施設の避難用部分の管理を行うことができる。
2　前項の規定による管理協定については、予定施設所有者等の全員の合意がなければならない。

（管理協定の内容）
第62条　第60条第1項又は前条第1項の規定による管理協定（以下「管理協定」という。）には、次に掲げる事項を定めるものとする。
　一　管理協定の目的となる避難用部分（以下この条及び第65条において「協定避難用部分」という。）
　二　協定避難用部分の管理の方法に関する事項
　三　管理協定の有効期間
　四　管理協定に違反した場合の措置
2　管理協定の内容は、次に掲げる基準のいずれにも適合するものでなければならない。
　一　協定避難施設（協定避難用部分の属する施設をいう。以下同じ。）の利用を不当に制限するものでないこと。
　二　前項第2号から第4号までに掲げる事項について内閣府令・国土交通省令で定める基準に適合するものであること。

（管理協定の縦覧等）
第63条　市町村は、管理協定を締結しようとするときは、内閣府令・国土交通省令で定めるところにより、その旨を公告し、当該管理協定を当該公告の日から2週間利害関係人の縦覧に供さなければならない。

2 前項の規定による公告があったときは、利害関係人は、同項の縦覧期間満了の日までに、当該管理協定について、市町村に意見書を提出することができる。

第64条 建築主事を置かない市町村は、建築物又は建築基準法第88条第１項の政令で指定する工作物について管理協定を締結しようとするときは、あらかじめ、都道府県知事に協議しなければならない。

（管理協定の公告等）

第65条 市町村は、管理協定を締結したときは、内閣府令・国土交通省令で定めるところにより、その旨を公告し、かつ、当該管理協定の写しを当該市町村の事務所に備えて公衆の縦覧に供するとともに、協定避難施設又はその敷地である土地の区域内の見やすい場所に、それぞれ協定避難施設である旨又は協定避難施設が当該区域内に存する旨を明示し、かつ、協定避難用部分の位置を明示しなければならない。

（市町村地域防災計画における協定避難施設に関する事項の記載）

第66条 市町村防災会議は、当該市町村が管理協定を締結したときは、当該管理協定に係る協定避難施設に関する事項を、第54条第１項第２号の避難施設に関する事項として、同項の規定により市町村地域防災計画において定めるものとする。

（管理協定の変更）

第67条 第60条第２項、第61条第２項、第62条第２項、第63条及び第65条の規定は、管理協定において定めた事項の変更について準用する。この場合において、第61条第２項中「予定施設所有者等」とあるのは、「予定施設所有者等（施設の建設後にあっては、施設所有者等）」と読み替えるものとする。

（管理協定の効力）

第68条 第65条（前条において準用する場合を含む。）の規定による公告のあった管理協定は、その公告のあった後において当該管理協定に係る協定避難施設の施設所有者等又は予定施設所有者等となった者に対しても、その効力があるものとする。

（市町村防災会議の協議会が設置されている場合の準用）

第69条 第54条、第55条、第57条及び第66条の規定は、災害対策基本法第17条第１項の規定により津波による人的災害の防止又は軽減を図るため同項の市町村防災会議の協議会が設置されている場合について準用する。この場合において、第54条第１項中「市町村防災会議（災害対策基本法（昭和36年法律第223号）第16条第１項の市町村防災会議をいい、これを設置しない市町村にあっては、当該市町村の長とする。」とあるのは「市町村防災会議の協議会（災害対策基本法（昭和36年法律第223号）第17条第１項の市町村防災会議の協議会をいう。」と、「市町村地域防災計画（同法第42条第１項の市町村地域防災計画をいう。」とあるのは「市町村相互間地域防災計画（同法第44条

参考資料

第1項の市町村相互間地域防災計画をいう。」と、同条第2項、第57条及び第66条中「市町村防災会議」とあるのは「市町村防災会議の協議会」と、同項、第55条、第57条及び第66条中「市町村地域防災計画」とあるのは「市町村相互間地域防災計画」と読み替えるものとする。

（津波避難訓練への協力）

第70条　指定避難施設の管理者は、津波避難訓練が行われるときは、これに協力しなければならない。

（避難確保計画の作成等）

第71条　次に掲げる施設であって、第54条第1項（第69条において準用する場合を含む。）の規定により市町村地域防災計画又は災害対策基本法第44条第1項の市町村相互間地域防災計画にその名称及び所在地が定められたもの（以下この条において「避難促進施設」という。）の所有者又は管理者は、単独で又は共同して、国土交通省令で定めるところにより、避難訓練その他当該避難促進施設の利用者の津波の発生時における円滑かつ迅速な避難の確保を図るために必要な措置に関する計画（以下この条において「避難確保計画」という。）を作成し、これを市町村長に報告するとともに、公表しなければならない。

一　地下街等

二　社会福祉施設、学校、医療施設その他の主として防災上の配慮を要する者が利用する施設のうち、その利用者の津波の発生時における円滑かつ迅速な避難を確保するための体制を計画的に整備する必要があるものとして政令で定めるもの

2　避難促進施設の所有者又は管理者は、避難確保計画の定めるところにより避難訓練を行うとともに、その結果を市町村長に報告しなければならない。

3　市町村長は、前2項の規定により報告を受けたときは、避難促進施設の所有者又は管理者に対し、当該避難促進施設の利用者の津波の発生時における円滑かつ迅速な避難の確保を図るために必要な助言又は勧告をすることができる。

4　避難促進施設の所有者又は管理者の使用人その他の従業者は、避難確保計画の定めるところにより、第2項の避難訓練に参加しなければならない。

5　避難促進施設の所有者又は管理者は、第2項の避難訓練を行おうとするときは、避難促進施設を利用する者に協力を求めることができる。

　　　　第9章　津波災害特別警戒区域

（津波災害特別警戒区域）

第72条　都道府県知事は、基本指針に基づき、かつ、津波浸水想定を踏まえ、警戒区域のうち、津波が発生した場合には建築物が損壊し、又は浸水し、住民等の生命又は身

体に著しい危害が生ずるおそれがあると認められる土地の区域で、一定の開発行為（都市計画法第４条第12項に規定する開発行為をいう。次条第１項及び第80条において同じ。）及び一定の建築物（居室（建築基準法第２条第４号に規定する居室をいう。以下同じ。）を有するものに限る。以下同じ。）の建築（同条第13号に規定する建築をいう。以下同じ。）又は用途の変更の制限をすべき土地の区域を、津波災害特別警戒区域（以下「特別警戒区域」という。）として指定することができる。
2 　前項の規定による指定は、当該指定の区域を明らかにしてするものとする。
3 　都道府県知事は、第１項の規定による指定をしようとするときは、あらかじめ、国土交通省令で定めるところにより、その旨を公告し、当該指定の案を、当該指定をしようとする理由を記載した書面を添えて、当該公告から２週間公衆の縦覧に供しなければならない。
4 　前項の規定による公告があったときは、住民及び利害関係人は、同項の縦覧期間満了の日までに、縦覧に供された指定の案について、都道府県知事に意見書を提出することができる。
5 　都道府県知事は、第１項の規定による指定をしようとするときは、あらかじめ、前項の規定により提出された意見書の写しを添えて、関係市町村長の意見を聴かなければならない。
6 　都道府県知事は、第１項の規定による指定をするときは、国土交通省令で定めるところにより、その旨及び当該指定の区域を公示しなければならない。
7 　都道府県知事は、前項の規定による公示をしたときは、速やかに、国土交通省令で定めるところにより、関係市町村長に、同項の規定により公示された事項を記載した図書を送付しなければならない。
8 　第１項の規定による指定は、第６項の規定による公示によってその効力を生ずる。
9 　関係市町村長は、第７項の図書を当該市町村の事務所において、公衆の縦覧に供しなければならない。
10 　都道府県知事は、海岸保全施設又は津波防護施設の整備の実施その他の事由により、特別警戒区域の全部又は一部について第１項の規定による指定の事由がなくなったと認めるときは、当該特別警戒区域の全部又は一部について当該指定を解除するものとする。
11 　第２項から第９項までの規定は、第１項の規定による指定の変更又は前項の規定による当該指定の解除について準用する。

（特定開発行為の制限）
第73条　特別警戒区域内において、政令で定める土地の形質の変更を伴う開発行為で当

参考資料

該開発行為をする土地の区域内において建築が予定されている建築物(以下「予定建築物」という。)の用途が制限用途であるもの(以下「特定開発行為」という。)をしようとする者は、あらかじめ、都道府県知事(地方自治法(昭和22年法律第67号)第252条の19第1項に規定する指定都市(第3項及び第94条において「指定都市」という。)、同法第252条の22第1項に規定する中核市(第3項において「中核市」という。)又は同法第252条の26の3第1項に規定する特例市(第3項において「特例市」という。)の区域内にあっては、それぞれの長。以下「都道府県知事等」という。)の許可を受けなければならない。

2　前項の制限用途とは、予定建築物の用途で、次に掲げる用途以外の用途でないものをいう。
　一　高齢者、障害者、乳幼児その他の特に防災上の配慮を要する者が利用する社会福祉施設、学校及び医療施設(政令で定めるものに限る。)
　二　前号に掲げるもののほか、津波の発生時における利用者の円滑かつ迅速な避難を確保することができないおそれが大きいものとして特別警戒区域内の区域であって市町村の条例で定めるものごとに市町村の条例で定める用途

3　市町村(指定都市、中核市及び特例市を除く。)は、前項第2号の条例を定めようとするときは、あらかじめ、都道府県知事と協議し、その同意を得なければならない。

4　第1項の規定は、次に掲げる行為については、適用しない。
　一　特定開発行為をする土地の区域(以下「開発区域」という。)が特別警戒区域の内外にわたる場合における、特別警戒区域外においてのみ第1項の制限用途の建築物の建築がされる予定の特定開発行為
　二　開発区域が第2項第2号の条例で定める区域の内外にわたる場合における、当該区域外においてのみ第1項の制限用途(同号の条例で定める用途に限る。)の建築物の建築がされる予定の特定開発行為
　三　非常災害のために必要な応急措置として行う行為その他の政令で定める行為

(申請の手続)
第74条　前条第1項の許可を受けようとする者は、国土交通省令で定めるところにより、次に掲げる事項を記載した申請書を提出しなければならない。
　一　開発区域の位置、区域及び規模
　二　予定建築物(前条第1項の制限用途のものに限る。)の用途及びその敷地の位置
　三　特定開発行為に関する工事の計画
　四　その他国土交通省令で定める事項

2　前項の申請書には、国土交通省令で定める図書を添付しなければならない。

（許可の基準）
第75条　都道府県知事等は、第73条第1項の許可の申請があったときは、特定開発行為に関する工事の計画が、擁壁の設置その他の津波が発生した場合における開発区域内の土地の安全上必要な措置を国土交通省令で定める技術的基準に従い講じるものであり、かつ、その申請の手続がこの法律及びこの法律に基づく命令の規定に違反していないと認めるときは、その許可をしなければならない。

（許可の特例）
第76条　国又は地方公共団体が行う特定開発行為については、国又は地方公共団体と都道府県知事等との協議が成立することをもって第73条第1項の許可を受けたものとみなす。

2　都市計画法第29条第1項又は第2項の許可を受けた特定開発行為は、第73条第1項の許可を受けたものとみなす。

（許可又は不許可の通知）
第77条　都道府県知事等は、第73条第1項の許可の申請があったときは、遅滞なく、許可又は不許可の処分をしなければならない。

2　前項の処分をするには、文書をもって当該申請をした者に通知しなければならない。

（変更の許可等）
第78条　第73条第1項の許可（この項の規定による許可を含む。）を受けた者は、第74条第1項各号に掲げる事項の変更をしようとする場合においては、都道府県知事等の許可を受けなければならない。ただし、変更後の予定建築物の用途が第73条第1項の制限用途以外のものであるとき、又は国土交通省令で定める軽微な変更をしようとするときは、この限りでない。

2　前項の許可を受けようとする者は、国土交通省令で定める事項を記載した申請書を都道府県知事等に提出しなければならない。

3　第73条第1項の許可を受けた者は、第1項ただし書に該当する変更をしたときは、遅滞なく、その旨を都道府県知事等に届け出なければならない。

4　前3条の規定は、第1項の許可について準用する。

5　第1項の許可又は第3項の規定による届出の場合における次条から第81条までの規定の適用については、第1項の許可又は第3項の規定による届出に係る変更後の内容を第73条第1項の許可の内容とみなす。

6　第76条第2項の規定により第73条第1項の許可を受けたものとみなされた特定開発行為に係る都市計画法第35条の2第1項の許可又は同条第3項の規定による届出は、当該特定開発行為に係る第1項の許可又は第3項の規定による届出とみなす。

参考資料

（工事完了の検査等）

第79条　第73条第1項の許可を受けた者は、当該許可に係る特定開発行為（第76条第2項の規定により第73条第1項の許可を受けたものとみなされた特定開発行為を除く。）に関する工事の全てを完了したときは、国土交通省令で定めるところにより、その旨を都道府県知事等に届け出なければならない。

2　都道府県知事等は、前項の規定による届出があったときは、遅滞なく、当該工事が第75条の国土交通省令で定める技術的基準に適合しているかどうかについて検査し、その検査の結果当該工事が当該技術的基準に適合していると認めたときは、国土交通省令で定める様式の検査済証を当該届出をした者に交付しなければならない。

3　都道府県知事等は、前項の規定により検査済証を交付したときは、遅滞なく、国土交通省令で定めるところにより、当該工事が完了した旨及び当該工事の完了後において当該工事に係る開発区域（特別警戒区域内のものに限る。）に地盤面の高さが基準水位以上である土地の区域があるときはその区域を公告しなければならない。

（開発区域の建築制限）

第80条　第73条第1項の許可を受けた開発区域（特別警戒区域内のものに限る。）内の土地においては、前条第3項の規定による公告又は第76条第2項の規定により第73条第1項の許可を受けたものとみなされた特定開発行為に係る都市計画法第36条第3項の規定による公告があるまでの間は、第73条第1項の制限用途の建築物の建築をしてはならない。ただし、開発行為に関する工事用の仮設建築物の建築をするときその他都道府県知事等が支障がないと認めたときは、この限りでない。

（特定開発行為の廃止）

第81条　第73条第1項の許可を受けた者は、当該許可に係る特定開発行為に関する工事を廃止したときは、遅滞なく、国土交通省令で定めるところにより、その旨を都道府県知事等に届け出なければならない。

2　第76条第2項の規定により第73条第1項の許可を受けたものとみなされた特定開発行為に係る都市計画法第38条の規定による届出は、当該特定開発行為に係る前項の規定による届出とみなす。

（特定建築行為の制限）

第82条　特別警戒区域内において、第73条第2項各号に掲げる用途の建築物の建築（既存の建築物の用途を変更して同項各号に掲げる用途の建築物とすることを含む。以下「特定建築行為」という。）をしようとする者は、あらかじめ、都道府県知事等の許可を受けなければならない。ただし、次に掲げる行為については、この限りでない。

一　第79条第3項又は都市計画法第36条第3項後段の規定により公告されたその地盤

面の高さが基準水位以上である土地の区域において行う特定建築行為
　二　非常災害のために必要な応急措置として行う行為その他の政令で定める行為
　（申請の手続）
第83条　第73条第2項第1号に掲げる用途の建築物について前条の許可を受けようとする者は、国土交通省令で定めるところにより、次に掲げる事項を記載した申請書を提出しなければならない。
　一　特定建築行為に係る建築物の敷地の位置及び区域
　二　特定建築行為に係る建築物の構造方法
　三　次条第1項第2号の政令で定める居室の床面の高さ
　四　その他国土交通省令で定める事項
2　前項の申請書には、国土交通省令で定める図書を添付しなければならない。
3　第73条第2項第2号の条例で定める用途の建築物について前条の許可を受けようとする者は、市町村の条例で定めるところにより、次に掲げる事項を記載した申請書を提出しなければならない。
　一　特定建築行為に係る建築物の敷地の位置及び区域
　二　特定建築行為に係る建築物の構造方法
　三　その他市町村の条例で定める事項
4　前項の申請書には、国土交通省令で定める図書及び市町村の条例で定める図書を添付しなければならない。
5　第73条第3項の規定は、前2項の条例を定める場合について準用する。
　（許可の基準）
第84条　都道府県知事等は、第73条第2項第1号に掲げる用途の建築物について第82条の許可の申請があったときは、当該建築物が次に掲げる基準に適合するものであり、かつ、その申請の手続がこの法律又はこの法律に基づく命令の規定に違反していないと認めるときは、その許可をしなければならない。
　一　津波に対して安全な構造のものとして国土交通省令で定める技術的基準に適合するものであること。
　二　第73条第2項第1号の政令で定める用途ごとに政令で定める居室の床面の高さ（当該居室の構造その他の事由を勘案して都道府県知事等が津波に対して安全であると認める場合にあっては、当該居室の床面の高さに都道府県知事等が当該居室について指定する高さを加えた高さ）が基準水位以上であること。
2　都道府県知事等は、第73条第2項第2号の条例で定める用途の建築物について第82条の許可の申請があったときは、当該建築物が次に掲げる基準に適合するものであり、

参考資料

かつ、その申請の手続がこの法律若しくはこの法律に基づく命令の規定又は前条第3項若しくは第4項の条例の規定に違反していないと認めるときは、その許可をしなければならない。
一 前項第1号の国土交通省令で定める技術的基準に適合するものであること。
二 次のいずれかに該当するものであることとする基準を参酌して市町村の条例で定める基準に適合するものであること。
　　イ 居室（共同住宅その他の各戸ごとに利用される建築物にあっては、各戸ごとの居室）の床面の全部又は一部の高さが基準水位以上であること。
　　ロ 基準水位以上の高さに避難上有効な屋上その他の場所が配置され、かつ、当該場所までの避難上有効な階段その他の経路があること。
3 第73条第3項の規定は、前項第2号の条例を定める場合について準用する。
4 建築主事を置かない市の市長は、第82条の許可をしようとするときは、都道府県知事に協議しなければならない。

（許可の特例）
第85条 国又は地方公共団体が行う特定建築行為については、国又は地方公共団体と都道府県知事等との協議が成立することをもって第82条の許可を受けたものとみなす。

（許可証の交付又は不許可の通知）
第86条 都道府県知事等は、第82条の許可の申請があったときは、遅滞なく、許可又は不許可の処分をしなければならない。
2 都道府県知事等は、当該申請をした者に、前項の許可の処分をしたときは許可証を交付し、同項の不許可の処分をしたときは文書をもって通知しなければならない。
3 前項の許可証の交付を受けた後でなければ、特定建築行為に関する工事（根切り工事その他の政令で定める工事を除く。）は、することができない。
4 第2項の許可証の様式は、国土交通省令で定める。

（変更の許可等）
第87条 第82条の許可（この項の規定による許可を含む。）を受けた者は、次に掲げる場合においては、都道府県知事等の許可を受けなければならない。ただし、変更後の建築物が第73条第2項各号に掲げる用途の建築物以外のものとなるとき、又は国土交通省令で定める軽微な変更をしようとするときは、この限りでない。
一 第73条第2項第1号に掲げる用途の建築物について第83条第1項各号に掲げる事項の変更をしようとする場合
二 第73条第2項第2号の条例で定める用途の建築物について第83条第3項各号に掲げる事項の変更をしようとする場合

2　前項の許可を受けようとする者は、国土交通省令で定める事項（同項第2号に掲げる場合にあっては、市町村の条例で定める事項）を記載した申請書を都道府県知事等に提出しなければならない。
3　第73条第3項の規定は、前項の条例を定める場合について準用する。
4　第82条の許可を受けた者は、第1項ただし書に該当する変更をしたときは、遅滞なく、その旨を都道府県知事等に届け出なければならない。
5　前3条の規定は、第1項の許可について準用する。
　（監督処分）
第88条　都道府県知事等は、次の各号のいずれかに該当する者に対して、特定開発行為に係る土地又は特定建築行為に係る建築物における津波による人的災害を防止するために必要な限度において、第73条第1項、第78条第1項、第82条若しくは前条第1項の許可を取り消し、若しくはその許可に付した条件を変更し、又は工事その他の行為の停止を命じ、若しくは相当の期限を定めて必要な措置をとることを命ずることができる。
　一　第73条第1項又は第78条第1項の規定に違反して、特定開発行為をした者
　二　第82条又は前条第1項の規定に違反して、特定建築行為をした者
　三　第73条第1項、第78条第1項、第82条又は前条第1項の許可に付した条件に違反した者
　四　特別警戒区域で行われる又は行われた特定開発行為（当該特別警戒区域の指定の際当該特別警戒区域内において既に着手している行為を除く。）であって、開発区域内の土地の安全上必要な措置を第75条の国土交通省令で定める技術的基準に従って講じていないものに関する工事の注文主若しくは請負人（請負工事の下請人を含む。）又は請負契約によらないで自らその工事をしている者若しくはした者
　五　特別警戒区域で行われる又は行われた特定建築行為（当該特別警戒区域の指定の際当該特別警戒区域内において既に着手している行為を除く。）であって、第84条第1項各号に掲げる基準又は同条第2項各号に掲げる基準に従って行われていないものに関する工事の注文主若しくは請負人（請負工事の下請人を含む。）又は請負契約によらないで自らその工事をしている者若しくはした者
　六　偽りその他不正な手段により第73条第1項、第78条第1項、第82条又は前条第1項の許可を受けた者
2　前項の規定により必要な措置をとることを命じようとする場合において、過失がなくて当該措置を命ずべき者を確知することができないときは、都道府県知事等は、その者の負担において、当該措置を自ら行い、又はその命じた者若しくは委任した者に

参考資料

これを行わせることができる。この場合においては、相当の期限を定めて、当該措置を行うべき旨及びその期限までに当該措置を行わないときは、都道府県知事等又はその命じた者若しくは委任した者が当該措置を行う旨を、あらかじめ、公告しなければならない。

3　都道府県知事等は、第1項の規定による命令をした場合においては、標識の設置その他国土交通省令で定める方法により、その旨を公示しなければならない。

4　前項の標識は、第1項の規定による命令に係る土地又は建築物若しくは建築物の敷地内に設置することができる。この場合においては、同項の規定による命令に係る土地又は建築物若しくは建築物の敷地の所有者、管理者又は占有者は、当該標識の設置を拒み、又は妨げてはならない。

（立入検査）

第89条　都道府県知事等又はその命じた者若しくは委任した者は、第73条第1項、第78条第1項、第79条第2項、第80条、第82条、第87条第1項又は前条第1項の規定による権限を行うため必要がある場合においては、当該土地に立ち入り、当該土地又は当該土地において行われている特定開発行為若しくは特定建築行為に関する工事の状況を検査することができる。

2　第7条第5項の規定は、前項の場合について準用する。

3　第1項の規定による立入検査の権限は、犯罪捜査のために認められたものと解してはならない。

（報告の徴収等）

第90条　都道府県知事等は、第73条第1項又は第78条第1項の許可を受けた者に対し、当該許可に係る土地若しくは当該許可に係る特定開発行為に関する工事の状況について報告若しくは資料の提出を求め、又は当該土地における津波による人的災害を防止するために必要な助言若しくは勧告をすることができる。

2　都道府県知事等は、第82条又は第87条第1項の許可を受けた者に対し、当該許可に係る建築物若しくは当該許可に係る特定建築行為に関する工事の状況について報告若しくは資料の提出を求め、又は当該建築物における津波による人的災害を防止するために必要な助言若しくは勧告をすることができる。

（許可の条件）

第91条　都道府県知事等は、第73条第1項又は第78条第1項の許可には、特定開発行為に係る土地における津波による人的災害を防止するために必要な条件を付することができる。

2　都道府県知事等は、第82条又は第87条第1項の許可には、特定建築行為に係る建築

物における津波による人的災害を防止するために必要な条件を付することができる。

　（移転等の勧告）
第92条　都道府県知事は、津波が発生した場合には特別警戒区域内に存する建築物が損壊し、又は浸水し、住民等の生命又は身体に著しい危害が生ずるおそれが大きいと認めるときは、当該建築物の所有者、管理者又は占有者に対し、当該建築物の移転その他津波による人的災害を防止し、又は軽減するために必要な措置をとることを勧告することができる。
2　都道府県知事は、前項の規定による勧告をした場合において、必要があると認めるときは、その勧告を受けた者に対し、土地の取得についてのあっせんその他の必要な措置を講ずるよう努めなければならない。

　　第10章　雑則

　（財政上の措置等）
第93条　国は、津波防災地域づくりの推進に関する施策を実施するために必要な財政上、金融上及び税制上の措置その他の措置を講ずるよう努めるものとする。

　（監視区域の指定）
第94条　都道府県知事又は指定都市の長は、推進計画区域のうち、地価が急激に上昇し、又は上昇するおそれがあり、これによって適正かつ合理的な土地利用の確保が困難となるおそれがあると認められる区域を国土利用計画法（昭和49年法律第92号）第27条の6第1項の規定により監視区域として指定するよう努めるものとする。

　（地籍調査の推進）
第95条　国は、推進計画区域における地籍調査の推進を図るため、地籍調査の推進に資する調査を行うよう努めるものとする。

　（権限の委任）
第96条　この法律に規定する国土交通大臣の権限は、国土交通省令で定めるところにより、その一部を地方整備局長又は北海道開発局長に委任することができる。

　（命令への委任）
第97条　この法律に定めるもののほか、この法律の実施のために必要な事項は、命令で定める。

　（経過措置）
第98条　この法律に基づき命令を制定し、又は改廃する場合においては、その命令で、その制定又は改廃に伴い合理的に必要と判断される範囲内において、所要の経過措置（罰則に関する経過措置を含む。）を定めることができる。

　　第11章　罰則

参考資料

第99条　次の各号のいずれかに該当する者は、1年以下の懲役又は50万円以下の罰金に処する。
　一　第22条第1項の規定に違反して、津波防護施設区域を占用した者
　二　第23条第1項の規定に違反して、同項各号に掲げる行為をした者
　三　第73条第1項又は第78条第1項の規定に違反して、特定開発行為をした者
　四　第80条の規定に違反して、第73条第1項の制限用途の建築物の建築をした者
　五　第82条又は第87条第1項の規定に違反して、特定建築行為をした者
　六　第88条第1項の規定による都道府県知事等の命令に違反した者

第100条　次の各号のいずれかに該当する者は、6月以下の懲役又は30万円以下の罰金に処する。
　一　第7条第7項（第34条第2項において準用する場合を含む。）の規定に違反して、土地の立入り又は一時使用を拒み、又は妨げた者
　二　第89条第1項の規定による立入検査を拒み、妨げ、又は忌避した者

第101条　次の各号のいずれかに該当する者は、30万円以下の罰金に処する。
　一　第51条第3項の規定に違反した者
　二　第52条第1項の規定に違反して、届出をしないで、又は虚偽の届出をして、同項各号に掲げる行為をした者
　三　第90条第1項又は第2項の規定による報告又は資料の提出を求められて、報告若しくは資料を提出せず、又は虚偽の報告若しくは資料の提出をした者

第102条　法人の代表者又は法人若しくは人の代理人、使用人その他の従業者が、その法人又は人の業務又は財産に関し、前3条の違反行為をしたときは、行為者を罰するほか、その法人又は人に対しても各本条の罰金刑を科する。

第103条　第58条、第78条第3項、第81条第1項又は第87条第4項の規定に違反して、届出をせず、又は虚偽の届出をした者は、20万円以下の過料に処する。

　　附　則

　この法律は、公布の日から起算して2月を超えない範囲内において政令で定める日から施行する。ただし、第9章、第99条（第3号から第6号までに係る部分に限る。）、第100条（第2号に係る部分に限る。）、第101条（第3号に係る部分に限る。）及び第103条（第58条に係る部分を除く。）の規定は、公布の日から起算して6月を超えない範囲内において政令で定める日から施行する。

○津波防災地域づくりに関する法律施行令

〔平成23年12月26日〕
〔政　令　第　426　号〕

（津波防護施設）
第1条　津波防災地域づくりに関する法律（以下「法」という。）第2条第10項の政令で定める施設は、盛土構造物（津波による浸水を防止する機能を有するものに限る。第15条において同じ。）、護岸、胸壁及び閘門をいう。

（公共施設）
第2条　法第2条第12項の政令で定める公共の用に供する施設は、広場、緑地、水道、河川及び水路並びに防水、防砂又は防潮の施設とする。

（収用委員会の裁決の申請手続）
第3条　法第7条第10項（法第34条第2項において準用する場合を含む。）、第28条第3項、第35条第4項又は第51条第6項の規定により土地収用法（昭和26年法律第219号）第94条第2項の規定による裁決を申請しようとする者は、国土交通省令で定める様式に従い、同条第3項各号（第3号を除く。）に掲げる事項を記載した裁決申請書を収用委員会に提出しなければならない。

（他の都府県知事の権限の代行）
第4条　法第20条第3項の規定により一の都府県知事が他の都府県知事に代わって行う権限は、法第7章第1節及び第2節に規定する都府県知事の権限のうち、次に掲げるもの以外のものとする。
一　法第18条第2項の規定により市町村長が管理することが適当であると認められる津波防護施設を指定し、及び同条第4項の規定により公示すること。
二　法第18条第3項の規定により市町村長の意見を聴くこと。
三　法第21条第1項の規定により津波防護施設区域を指定し、及び同条第3項の規定により公示すること。
四　法第36条第1項の規定により津波防護施設台帳を調製し、及びこれを保管すること。

（津波防護施設区域における行為で許可を要しないもの）
第5条　法第23条第1項ただし書の政令で定める行為は、次に掲げるもの（第2号から第4号までに掲げる行為で、津波防護施設の敷地から5メートル（津波防護施設の構

参考資料

造又は地形、地質その他の状況により津波防護施設管理者がこれと異なる距離を指定した場合には、当該距離)以内の土地におけるものを除く。)とする。
　一　津波防護施設区域(法第21条第1項第2号に掲げる土地の区域に限る。次号から第4号までにおいて同じ。)内の土地における耕うん
　二　津波防護施設区域内の土地における地表から高さ3メートル以内の盛土(津波防護施設に沿って行う盛土で津波防護施設に沿う部分の長さが20メートル以上のものを除く。)
　三　津波防護施設区域内の土地における地表から深さ1メートル以内の土地の掘削又は切土
　四　津波防護施設区域内の土地における施設又は工作物(鉄骨造、コンクリート造、石造、れんが造その他これらに類する構造のもの及び貯水池、水槽、井戸、水路その他これらに類する用途のものを除く。)の新築又は改築
　五　前各号に掲げるもののほか、津波防護施設の敷地である土地の区域における施設又は工作物の新築又は改築以外の行為であって、津波防護施設管理者が津波防護施設の保全上影響が少ないと認めて指定したもの
2　津波防護施設管理者は、前項の規定による指定をするときは、国土交通省令で定めるところにより、その旨を公示しなければならない。これを変更し、又は廃止するときも、同様とする。
　(津波防護施設区域における制限行為)
第6条　法第23条第1項第3号の政令で定める行為は、津波防護施設を損壊するおそれがあると認めて津波防護施設管理者が指定する行為とする。
2　前条第2項の規定は、前項の規定による指定について準用する。
　(他の施設等を保管した場合の公示事項)
第7条　法第27条第5項の政令で定める事項は、次に掲げるものとする。
　一　保管した他の施設等の名称又は種類、形状及び数量
　二　保管した他の施設等の放置されていた場所及び当該他の施設等を除却した日時
　三　当該他の施設等の保管を始めた日時及び保管の場所
　四　前3号に掲げるもののほか、保管した他の施設等を返還するため必要と認められる事項
　(他の施設等を保管した場合の公示の方法)
第8条　法第27条第5項の規定による公示は、次に掲げる方法により行わなければならない。
　一　前条各号に掲げる事項を、保管を始めた日から起算して14日間、当該津波防護施

設管理者の事務所に掲示すること。
　二　前号の公示の期間が満了しても、なお当該他の施設等の所有者、占有者その他当該他の施設等について権原を有する者（第12条において「所有者等」という。）の氏名及び住所を知ることができないときは、前条各号に掲げる事項の要旨を公報又は新聞紙への掲載その他の適切な方法により公表すること。
2　津波防護施設管理者は、前項に規定する方法による公示を行うとともに、国土交通省令で定める様式による保管した他の施設等一覧簿を当該津波防護施設管理者の事務所に備え付け、かつ、これをいつでも関係者に自由に閲覧させなければならない。
　（他の施設等の価額の評価の方法）
第9条　法第27条第6項の規定による他の施設等の価額の評価は、当該他の施設等の購入又は製作に要する費用、使用年数、損耗の程度その他当該他の施設等の価額の評価に関する事情を勘案してするものとする。この場合において、津波防護施設管理者は、必要があると認めるときは、他の施設等の価額の評価に関し専門的知識を有する者の意見を聴くことができる。
　（保管した他の施設等を売却する場合の手続）
第10条　法第27条第6項の規定による保管した他の施設等の売却は、競争入札に付して行わなければならない。ただし、競争入札に付しても入札者がない他の施設等その他競争入札に付することが適当でないと認められる他の施設等については、随意契約により売却することができる。
第11条　津波防護施設管理者は、前条本文の規定による競争入札のうち一般競争入札に付そうとするときは、その入札期日の前日から起算して少なくとも5日前までに、当該他の施設等の名称又は種類、形状、数量その他国土交通省令で定める事項を当該津波防護施設管理者の事務所に掲示し、又はこれに準ずる適当な方法で公示しなければならない。
2　津波防護施設管理者は、前条本文の規定による競争入札のうち指名競争入札に付そうとするときは、なるべく3人以上の入札者を指定し、かつ、それらの者に当該他の施設等の名称又は種類、形状、数量その他国土交通省令で定める事項をあらかじめ通知しなければならない。
3　津波防護施設管理者は、前条ただし書の規定による随意契約によろうとするときは、なるべく2人以上の者から見積書を徴さなければならない。
　（他の施設等を返還する場合の手続）
第12条　津波防護施設管理者は、保管した他の施設等（法第27条第6項の規定により売却した代金を含む。）を所有者等に返還するときは、返還を受ける者にその氏名及び住

参考資料

所を証するに足りる書類を提出させる方法その他の方法によってその者が当該他の施設等の返還を受けるべき所有者等であることを証明させ、かつ、国土交通省令で定める様式による受領書と引換えに返還するものとする。

（津波防護施設管理者以外の者の行う工事等の承認申請手続）

第13条　法第33条第1項の承認を受けようとする者は、工事の設計及び実施計画又は維持の実施計画を記載した承認申請書を津波防護施設管理者に提出しなければならない。

（津波防護施設管理者以外の者の行う工事等で承認を要しないもの）

第14条　法第33条第1項ただし書の政令で定める軽易なものは、ごみその他の廃物の除去、草刈りその他これらに類する小規模な維持とする。

（国が費用を補助する工事の範囲及び補助率）

第15条　法第39条の規定により国がその費用を補助することができる工事は、次に掲げる施設であって津波防護施設であるものの新設又は改良に関する工事とし、その補助率は2分の1とする。
一　道路又は鉄道と相互に効用を兼ねる盛土構造物であって、国土交通省令で定める規模以下のもの
二　前号に掲げる施設に設けられる護岸
三　胸壁又は閘門であって、盛土構造物と一体となって機能を発揮するもの

（補助額）

第16条　国が法第39条の規定により補助する金額は、前条各号に掲げる施設であって津波防護施設であるものの新設又は改良に関する工事に要する費用の額（法第43条から第45条までの規定による負担金があるときは、当該費用の額からこれらの負担金の額を控除した額）に前条に規定する国の補助率を乗じて得た額とする。

（通常の管理行為、軽易な行為その他の行為）

第17条　法第52条第1項ただし書の政令で定める行為は、次に掲げるものとする。
一　法第52条第1項第1号に掲げる行為であって、指定津波防護施設の維持管理のためにするもの
二　法第52条第1項第1号に掲げる行為であって、仮設の建築物の建築その他これに類する土地の一時的な利用のためにするもの（当該利用に供された後に当該指定津波防護施設の機能が当該行為前の状態に戻されることが確実な場合に限る。）

（指定避難施設の重要な変更）

第18条　法第58条の政令で定める重要な変更は、次に掲げるものとする。
一　改築又は増築による指定避難施設の構造耐力上主要な部分（建築基準法施行令（昭和25年政令第338号）第1条第3号に規定する構造耐力上主要な部分をいう。）

の変更
二　指定避難施設の避難上有効な屋上その他の場所として市町村長が指定するものの総面積の10分の1以上の面積の増減を伴う変更
三　前号に規定する場所までの避難上有効な階段その他の経路として市町村長が指定するものの廃止

（避難促進施設）
第19条　法第71条第1項第2号の政令で定める施設は、次に掲げるものとする。
一　老人福祉施設（老人介護支援センターを除く。）、有料老人ホーム、認知症対応型老人共同生活援助事業の用に供する施設、身体障害者社会参加支援施設、障害者支援施設、地域活動支援センター、福祉ホーム、障害者福祉サービス事業（生活介護、児童デイサービス、短期入所、共同生活介護、自立訓練、就労移行支援、就労継続支援又は共同生活援助を行う事業に限る。）の用に供する施設、保護施設（医療保護施設及び宿所提供施設を除く。）、児童福祉施設（母子生活支援施設及び児童遊園を除く。）、児童自立生活援助事業の用に供する施設、放課後児童健全育成事業の用に供する施設、子育て短期支援事業の用に供する施設、一時預かり事業の用に供する施設、児童相談所、母子健康センターその他これらに類する施設
二　幼稚園、小学校、中学校、高等学校、中等教育学校、特別支援学校、高等専門学校及び専修学校（高等課程を置くものに限る。）
三　病院、診療所及び助産所

　　附　則
この政令は、法の施行の日（平成23年12月27日）から施行する。

参考資料

◯津波防災地域づくりに関する法律施行規則

〔平成23年12月26日〕
〔国土交通省令第99号〕

（損失の補償の裁決申請書の様式）
第1条　津波防災地域づくりに関する法律施行令（以下「令」という。）第3条の規定による裁決申請書の様式は、別記様式第一とし、正本1部及び写し1部を提出するものとする。

（津波防災住宅等建設区を定める場合の地方公共団体施行に関する認可申請手続）
第2条　土地区画整理法（昭和29年法律第119号）第52条第1項又は第55条第12項の認可を申請しようとする者は、津波防災地域づくりに関する法律（以下「法」という。）第12条第1項の規定により事業計画において津波防災住宅等建設区を定めようとするときは、認可申請書に、土地区画整理法施行規則（昭和30年建設省令第5号）第3条の2各号に掲げる事項のほか、津波防災住宅等建設区の位置及び面積を記載しなければならない。

（津波防災住宅等建設区に関する図書）
第3条　津波防災住宅等建設区は、設計説明書及び設計図を作成して定めなければならない。
2　前項の設計説明書には津波防災住宅等建設区の面積を記載し、前項の設計図は縮尺1,200分の1以上とするものとする。
3　第1項の設計図及び土地区画整理法施行規則第6条第1項の設計図は、併せて一葉の図面とするものとする。

（津波防災住宅等建設区への換地の申出）
第4条　法第13条第1項の申出は、別記様式第二の申出書を提出して行うものとする。
2　前項の申出書には、法第13条第2項の規定による同意を得たことを証する書類を添付しなければならない。

（津波防災住宅等建設区内に換地を定められるべき宅地の指定につき支障とならない工作物）
第5条　法第13条第4項第1号の国土交通省令で定める工作物は、仮設の工作物とする。

（認定申請書及び認定通知書の様式）
第6条　法第15条の規定による認定を申請しようとする者は、別記様式第三の申請書の

正本及び副本に、それぞれ、特定行政庁が規則で定める図書又は書面を添えて、特定行政庁に提出するものとする。
2　特定行政庁は、法第15条の規定による認定をしたときは、別記様式第四の通知書に、前項の申請書の副本及びその添付図書を添えて、申請者に通知するものとする。
3　特定行政庁は、法第15条の規定による認定をしないときは、別記様式第五の通知書に、第1項の申請書の副本及びその添付図書を添えて、申請者に通知するものとする。
（集団移転促進事業に関する特例）
第7条　法第16条第2項の規定に基づき都道府県が防災のための集団移転促進事業に係る国の財政上の特別措置等に関する法律（昭和47年法律第132号）第3条第1項に規定する集団移転促進事業計画を定める場合における防災のための集団移転促進事業に係る国の財政上の特別措置等に関する法律施行規則（昭和47年自治省令第28号）別記第1号様式、別記第2号様式及び別記第3号様式の規定の適用については、これらの規定中「市町村長」とあるのは「都道府県知事」とする。
（市町村長が管理する津波防護施設の指定の公示）
第8条　法第18条第4項の規定による公示は、次に掲げるところにより津波防護施設の位置を明示して、都道府県の公報への掲載、インターネットの利用その他の適切な方法により行うものとする。
　一　市町村、大字、字、小字及び地番
　二　平面図又は一定の地物、施設、工作物からの距離及び方向
（関係都府県知事の協議の内容の公示）
第9条　法第20条第2項の規定による公示は、次に掲げる事項について、関係都府県の公報への掲載、インターネットの利用その他の適切な方法により行うものとする。
　一　津波防護施設の位置及び種類
　二　管理を行う都府県知事
　三　管理の内容
　四　管理の期間
2　前項第1号の津波防護施設の位置は、前条各号に掲げるところにより明示するものとする。
（津波防護施設区域の指定の公示）
第10条　法第21条第3項の規定による公示は、第8条各号に掲げるところにより津波防護施設区域を明示して、都道府県又は市町村の公報への掲載、インターネットの利用その他の適切な方法により行うものとする。
（津波防護施設区域の占用の許可）

参考資料

第11条　法第22条第1項の規定による許可を受けようとする者は、次に掲げる事項を記載した申請書を津波防護施設管理者に提出しなければならない。
　一　津波防護施設区域の占用の目的
　二　津波防護施設区域の占用の期間
　三　津波防護施設区域の占用の場所
　（津波防護施設区域における制限行為の許可）
第12条　法第23条第1項第1号に該当する行為をしようとするため同項の許可を受けようとする者は、次に掲げる事項を記載した申請書を津波防護施設管理者に提出しなければならない。
　一　施設又は工作物を新設又は改築する目的
　二　施設又は工作物を新設又は改築する場所
　三　新設又は改築する施設又は工作物の構造
　四　工事実施の方法
　五　工事実施の期間
2　法第23条第1項第2号又は第3号に該当する行為をしようとするため同項の許可を受けようとする者は、次に掲げる事項を記載した申請書を津波防護施設管理者に提出しなければならない。
　一　行為の目的
　二　行為の内容
　三　行為の期間
　四　行為の場所
　五　行為の方法
　（津波防護施設区域における行為の制限に係る指定の公示）
第13条　令第5条第2項（令第6条第2項において準用する場合を含む。）の規定による指定の公示は、都道府県又は市町村の公報への掲載、インターネットの利用その他の適切な方法により行うものとする。
　（占用料の基準）
第14条　法第26条に規定する占用料は、近傍類地の地代等を考慮して定めるものとする。
　（保管した他の施設等一覧簿の様式）
第15条　令第8条第2項の国土交通省令で定める様式は、別記様式第六とする。
　（競争入札における掲示事項等）
第16条　令第11条第1項及び第2項の国土交通省令で定める事項は、次に掲げるものとする。

一　当該競争入札の執行を担当する職員の職及び氏名
二　当該競争入札の執行の日時及び場所
三　契約条項の概要
四　その他津波防護施設管理者が必要と認める事項
（他の施設等の返還に係る受領書の様式）
第17条　令第12条の国土交通省令で定める様式は、別記様式第七とする。
（津波防護施設の技術上の基準）
第18条　盛土構造物に関する法第29条第２項の国土交通省令で定める基準は、次に掲げるものとする。
一　型式、天端高、法勾配及び法線は、盛土構造物の背後地の状況等を考慮して、津波浸水想定（法第８条第１項に規定する津波浸水想定をいう。以下同じ。）を設定する際に想定した津波の作用に対して、津波による海水の浸入を防止する機能が確保されるよう定めるものとする。
二　津波浸水想定を設定する際に想定した津波の作用に対して安全な構造とするものとする。
三　天端高は、津波浸水想定に定める水深に係る水位に盛土構造物への衝突による津波の水位の上昇等を考慮して必要と認められる値を加えた値以上とするものとする。
四　盛土構造物の近傍の土地の利用状況により必要がある場合においては、樋門、樋管、陸閘その他排水又は通行のための設備を設けるものとする。
五　津波の作用から盛土構造物を保護するため必要がある場合においては、盛土構造物の表面に護岸を設けるものとする。
２　胸壁に関する法第29条第２項の国土交通省令で定める基準は、次に掲げるものとする。
一　型式、天端高及び法線は、胸壁の背後地の状況等を考慮して、津波浸水想定を設定する際に想定した津波の作用に対して、津波による海水の浸入を防止する機能が確保されるよう定めるものとする。
二　津波浸水想定を設定する際に想定した津波の作用に対して安全な構造とするものとする。
三　天端高は、津波浸水想定に定める水深に係る水位に胸壁への衝突による津波の水位の上昇等を考慮して必要と認められる値を加えた値以上とするものとする。
３　閘門に関する法第29条第２項の国土交通省令で定める基準は、次に掲げるものとする。
一　型式、閘門のゲートの閉鎖時における上端の高さ及び位置は、閘門の背後地の状

況等を考慮して、津波浸水想定を設定する際に想定した津波の作用に対して、津波による海水の浸入を防止する機能が確保されるよう定めるものとする。
　二　津波浸水想定を設定する際に想定した津波の作用に対して安全な構造とするものとする。
　三　閘門のゲートの閉鎖時における上端の高さは、津波浸水想定に定める水深に係る水位に閘門への衝突による津波の水位の上昇等を考慮して必要と認められる値を加えた値以上とするものとする。

（他の工作物の管理者による津波防護施設の管理の公示）
第19条　法第30条第2項の公示は、次に掲げる事項について、都道府県又は市町村の公報への掲載、インターネットの利用その他の適切な方法により行うものとする。
　一　津波防護施設の位置及び種類
　二　管理を行う者の氏名及び住所（法人にあっては、その名称及び住所並びに代表者の氏名）
　三　管理の内容
　四　管理の期間
2　前項第1号の津波防護施設の位置は、第8条各号に掲げるところにより明示するものとする。

（津波防護施設台帳）
第20条　津波防護施設台帳は、帳簿及び図面をもって組成するものとする。
2　帳簿及び図面は、一の津波防護施設ごとに調製するものとする。
3　帳簿には、津波防護施設につき、少なくとも次に掲げる事項を記載するものとし、その様式は、別記様式第八とする。
　一　津波防護施設管理者の名称
　二　津波防護施設の位置、種類、構造及び数量
　三　津波防護施設区域が指定された年月日
　四　津波防護施設区域
　五　津波防護施設区域の面積
　六　津波防護施設区域の概況
4　図面は、津波防護施設につき、平面図、横断図及び構造図とし、必要がある場合は縦断図を添付し、次の各号により調製するものとする。
　一　尺度は、メートルを単位とすること。
　二　高さは、東京湾中等潮位を基準とし、小数点以下2位まで示すこと。
　三　平面図については、

　　　　イ　縮尺は、原則として2,000分の1とすること。
　　　　ロ　原則として2メートルごとに等高線を記入すること。
　　　　ハ　津波防護施設の位置及び種類を記号又は色別をもって表示すること。
　　　　ニ　津波防護施設区域は、黄色をもって表示すること。
　　　　ホ　イからニまでのほか、少なくとも次に掲げる事項を記載すること。
　　　　　(イ)　津波防護施設区域の境界線
　　　　　(ロ)　市町村名、大字名、字名及びその境界線
　　　　　(ハ)　地形
　　　　　(ニ)　法第23条第1項第1号に規定する他の施設等のうち主要なもの
　　　　　(ホ)　方位
　　　　　(ヘ)　縮尺
　　　　　(ト)　調製年月日
　　　四　横断図については、
　　　　イ　津波防護施設、地形その他の状況に応じて調製すること。この場合において、横断測量線を朱色破線をもって平面図に記入すること。
　　　　ロ　横縮尺は、原則として500分の1とし、縦縮尺は、原則として100分の1とすること。
　　　　ハ　イ及びロのほか、少なくとも次に掲げる事項を記載すること。
　　　　　(イ)　津波浸水想定に定める水深に係る水位
　　　　　(ロ)　津波防護施設の高さ
　　　　　(ハ)　縮尺
　　　　　(ニ)　調製年月日
　　　五　構造図については、
　　　　イ　各部分の寸法を記入すること。
　　　　ロ　調製年月日を記載すること。
5　帳簿及び図面の記載事項に変更があったときは、津波防護施設管理者は、速やかにこれを訂正しなければならない。
　　（令第15条第1号の国土交通省令で定める規模）
第21条　令第15条第1号の国土交通省令で定める規模は、おおむね500メートルとする。
　　（延滞金）
第22条　法第47条第2項に規定する延滞金は、同条第1項に規定する負担金等の額につき年10.75パーセントの割合で、納期限の翌日からその負担金等の完納の日又は財産差押えの日の前日までの日数により計算した額とする。

参考資料

（指定津波防護施設の指定の公示）
第23条　法第50条第3項（同条第5項において準用する場合を含む。）の規定による指定（同条第5項において準用する場合にあっては、指定の解除。以下この項において同じ。）の公示は、次に掲げる事項について、都道府県の公報への掲載、インターネットの利用その他の適切な方法により行うものとする。
一　指定津波防護施設の指定をする旨
二　当該指定津波防護施設の名称及び指定番号
三　当該指定津波防護施設の位置
四　当該指定津波防護施設の高さ
2　前項第3号の指定津波防護施設の位置は、第8条各号に掲げるところにより明示するものとする。

（指定津波防護施設の標識の設置の基準）
第24条　法第51条第1項の国土交通省令で定める基準は、次に掲げるものとする。
一　次に掲げる事項を明示したものであること。
　イ　指定津波防護施設の名称及び指定番号
　ロ　指定津波防護施設の高さ及び構造の概要
　ハ　指定津波防護施設の管理者及びその連絡先
　ニ　標識の設置者及びその連絡先
二　指定津波防護施設の周辺に居住し、又は事業を営む者の見やすい場所に設けること。

（指定津波防護施設に関する行為の届出）
第25条　法第52条第1項の規定による届出は、別記様式第九の届出書を提出して行うものとする。
2　法第52条第1項各号に掲げる行為の設計又は施行方法は、計画図により定めなければならない。
3　前項の計画図は、次の表の定めるところにより作成したものでなければならない。

図面の種類	明示すべき事項	縮尺	備考
指定津波防護施設の位置図	指定津波防護施設の位置	2,500分の1以上	
指定津波防護施設の現況図	指定津波防護施設の形状	2,500分の1以上	平面図、縦断面図及び横断面図により示

	指定津波防護施設の構造の詳細	500分の1以上	
法第52条第1項各号に掲げる行為の計画図	当該行為を行う場所	2,500分の1以上	
	当該行為を行った後の指定津波防護施設及びその敷地の形状	2,500分の1以上	平面図、縦断面図及び横断面図により示すこと。
	当該行為を行った後の指定津波防護施設の構造の詳細	500分の1以上	

（指定津波防護施設に関する行為の届出書の記載事項）

第26条　法第52条第1項の国土交通省令で定める事項は、同項各号に掲げる行為の完了予定日、当該行為の対象となる指定津波防護施設の名称及び指定番号とする。

（指定津波防護施設に関する行為の届出の内容の通知）

第27条　法第52条第2項の規定による通知は、第25条第1項の届出書の写しを添付してするものとする。

（津波災害警戒区域の指定の公示）

第28条　法第53条第4項（同条第6項において準用する場合を含む。）の規定による津波災害警戒区域の指定（同条第6項において準用する場合にあっては、指定の変更又は解除。以下この項において同じ。）の公示は、次に掲げる事項について、都道府県の公報への掲載、インターネットの利用その他の適切な方法により行うものとする。

一　津波災害警戒区域の指定をする旨
二　津波災害警戒区域
三　基準水位（法第53条第2項に規定する基準水位をいう。次条第3項及び第30条において同じ。）

2　前項第2号の津波災害警戒区域は、次に掲げるところにより明示するものとする。

一　市町村、大字、字、小字及び地番
二　平面図

参考資料

（都道府県知事の行う津波災害警戒区域の指定の公示に係る図書の送付）
第29条　法第53条第5項（同条第6項において準用する場合を含む。）の規定による送付は、津波災害警戒区域位置図及び津波災害警戒区域区域図により行わなければならない。
2　前項の津波災害警戒区域位置図は、縮尺5万分の1以上とし、津波災害警戒区域の位置を表示した地形図でなければならない。
3　第1項の津波災害警戒区域区域図は、縮尺2,500分の1以上とし、当該津波災害警戒区域及び基準水位を表示したものでなければならない。

（津波に関する情報の伝達方法等を住民に周知させるための必要な措置）
第30条　法第55条（法第69条において準用する場合を含む。）の住民等に周知させるための必要な措置は、次に掲げるものとする。
一　津波災害警戒区域及び当該区域における基準水位を表示した図面に法第55条に規定する事項を記載したもの（電子的方式、磁気的方式その他人の知覚によっては認識することができない方式で作られる記録を含む。）を、印刷物の配布その他の適切な方法により、各世帯に提供すること。
二　前号の図面に表示した事項及び記載した事項に係る情報を、インターネットの利用その他の適切な方法により、住民等がその提供を受けることができる状態に置くこと。

（指定避難施設の技術的基準）
第31条　建築物その他の工作物である指定避難施設に関する法第56条第1項第1号の国土交通省令で定める技術的基準は、次に掲げるものとする。
一　津波浸水想定を設定する際に想定した津波の作用に対して安全なものとして国土交通大臣が定める構造方法を用いるものであること。
二　地震に対する安全性に係る建築基準法（昭和25年法律第201号）並びにこれに基づく命令及び条例の規定又は地震に対する安全上これらに準ずるものとして国土交通大臣が定める基準に適合するものであること。

（避難確保計画に定めるべき事項）
第32条　法第71条第1項の避難確保計画においては、次に掲げる事項を定めなければならない。
一　津波の発生時における避難促進施設の防災体制に関する事項
二　津波の発生時における避難促進施設の利用者の避難の誘導に関する事項
三　津波の発生時を想定した避難促進施設における避難訓練及び防災教育の実施に関する事項

四　第1号から第3号までに掲げるもののほか、避難促進施設の利用者の津波の発生時の円滑かつ迅速な避難の確保を図るために必要な措置に関する事項
　（権限の委任）
第33条　法第7条第1項の規定による国土交通大臣の権限は、地方整備局長及び北海道開発局長も行うことができる。
　　　附　則
この省令は、法の施行の日（平成23年12月27日）から施行する。

参考資料

別記様式第一(第一条関係)

　　　　　裁決申請書
　　　　　　　　裁決申請者　住　所
　　　　　　　　　　　　　　氏　名
　　　　　　　　　相手方　　住　所
　　　　　　　　　　　　　　氏　名

　津波防災地域づくりに関する法律第七条第八項(第三十四条第二項において準用する場合を含む。)、第三十八条第一項、第三十五条第一項及び第五十一条第四項の規定による損失の補償について、同第七条第九項(第三十四条第二項において準用する場合を含む。)、第三十八条第二項、第三十五条第三項及び第五十一条第五項の規定による協議が成立しないから、左記により裁決を申請します。

　　　　　　　　　　　記
一　損失の事実
二　損失の補償の見積及びその内容
三　協議の経過

　　年　月　日
　　　　　　　　裁決申請者　住　所
　　　　　　　　　　　　　　氏　名　　　　　　　　　印

収用委員会御中

備考
　一　裁決申請者又は相手方が法人である場合においては、住所及び氏名は、それぞれその法人の主たる事務所の所在地、名称及びその代表者の氏名を記載すること。
　二　裁決申請者の氏名(法人にあってはその代表者の氏名)の記載を自署で行う場合において、押印を省略することができる。
　三　裁決申請者が二人以上の場合は、連名で申請することができる。
　四　「損失の事実」については、発生の場所及び時期をあわせて記載すること。
　五　「損失の補償の見積及びその内容」については、積算の基礎を明らかにするものとし、法第三十五条第一項の規定によって工事を行うことを要求する場合は、その費用の見積をあわせて記載すること。
　六　「協議の経過」については、経過の説明のほか協議が成立しない事情を明らかにすること。

別記様式第二（第四条第一項関係）

津波防災住宅等建設区換地申出書

年　月　日

　　　殿

　　　　　　　　申出人　住所

　　　　　　　　　　　　氏名　　　　　　　　　　　印

　津波防災地域づくりに関する法律第13条第１項の規定により、下記の宅地についての換地を津波防災住宅等建設区内に定めるべき旨の申出をします。

記

所　在　地　及　び　地　番	地　　　目	地　　　積

備考
1　申出人が法人である場合においては、住所及び氏名は、それぞれその法人の主たる事務所の所在地、名称及びその代表者の氏名を記載すること。
2　申出人の氏名（法人にあってはその代表者の氏名）の記載を自署で行う場合においては、押印を省略することができる。

参考資料

別記様式第三（第六条第一項関係）（日本工業規格Ａ４）

認定申請書

（第一面）

　津波防災地域づくりに関する法律第15条の規定による認定を申請します。この申請書及び添付図書に記載の事項は、事実に相違ありません。

特定行政庁　　　　　　　　　殿

平成　年　月　日

申請者氏名　　　　　　　　　印

【１．申請者】
【イ．氏名のフリガナ】
【ロ．氏名】
【ハ．郵便番号】
【ニ．住所】
【ホ．電話番号】

【２．設計者】
【イ．資格】　　　　（　）建築士　　（　　）登録第　　　号
【ロ．氏名】
【ハ．建築士事務所名】（　）建築士事務所（　　）知事登録第　　号
【ニ．郵便番号】
【ホ．所在地】
【ヘ．電話番号】

※手数料欄		
※受付欄	※決裁欄	※認定番号欄
平成　年　月　日		平成　年　月　日
第　　　　号		第　　　　号
係員印		係員印

（第二面）

建築物及びその敷地に関する事項

【１．地名地番】

【２．住居表示】

【３．防火地域】　　□防火地域　　□準防火地域　　□指定なし

【４．その他の区域、地域、地区又は街区】

【5．道路】
　【イ．幅員】
　【ロ．敷地と接している部分の長さ】

【6．敷地面積】
　【イ．敷地面積】　　(1) (　　　　　)(　　　　　)(　　　　　)(　　　　　)
　　　　　　　　　　(2) (　　　　　)(　　　　　)(　　　　　)(　　　　　)
　【ロ．用途地域等】　　　(　　　　　)(　　　　　)(　　　　　)(　　　　　)
　【ハ．建築基準法第52条第1項及び第2項の規定による建築物の容積率】
　　　　　　　　　　　　(　　　　　)(　　　　　)(　　　　　)(　　　　　)
　【ニ．建築基準法第53条第1項の規定による建築物の建ぺい率】
　　　　　　　　　　　　(　　　　　)(　　　　　)(　　　　　)(　　　　　)
　【ホ．敷地面積の合計】　(1)
　　　　　　　　　　　　　(2)
　【ヘ．敷地に建築可能な延べ面積を敷地面積で除した数値】
　【ト．敷地に建築可能な建築面積を敷地面積で除した数値】
　【チ．備考】

【7．主要用途】　　(区分　　　　)

【8．工事種別】
　　□新築　□増築　□改築　□移転　□用途変更　□大規模の修繕　□大規模の模様替

【9．建築面積】　　　　　　(申請部分　　)(申請以外の部分)(合計　　　　)
　【イ．建築面積】　　　　(　　　　　)(　　　　　)(　　　　　)
　【ロ．建ぺい率】

【10．延べ面積】　　　　　(申請部分　　)(申請以外の部分)(合計　　　　)
　【イ．建築物全体】　　　(　　　　　)(　　　　　)(　　　　　)
　【ロ．地階の住宅の部分】(　　　　　)(　　　　　)(　　　　　)
　【ハ．共同住宅の共用の廊下等の部分】
　　　　　　　　　　　　　(　　　　　)(　　　　　)(　　　　　)
　【ニ．自動車車庫等の部分】(　　　　　)(　　　　　)(　　　　　)
　【ホ．住宅の部分】　　　(　　　　　)(　　　　　)(　　　　　)
　【ヘ．延べ面積】
　【ト．容積率】

参考資料

【11．建築物の数】
　【イ．申請に係る建築物の数】
　【ロ．同一敷地内の他の建築物の数】

【12．工事着手予定年月日】　　平成　　年　　月　　日

【13．工事完了予定年月日】　　平成　　年　　月　　日

【14．その他必要な事項】

【15．備考】

(第三面)

建築物別概要

【1．番号】

【2．工事種別等】　　□新築　□増築　□改築　□移転　□用途変更
　　　　　　　　　　□大規模の修繕　□大規模の模様替　□既設

【3．構造】　　　　　　　造　　一部　　　　　造

【4．高さ】
　【イ．最高の高さ】
　【ロ．最高の軒の高さ】

【5．用途別床面積】
　　　（用途の区分）　（具体的な用途の名称）　（申請部分）　（申請以外の部分）　（合計）
　【イ．】(　　　)　(　　　　　　　)　(　　　　)　(　　　　　　)　(　　　)
　【ロ．】(　　　)　(　　　　　　　)　(　　　　)　(　　　　　　)　(　　　)
　【ハ．】(　　　)　(　　　　　　　)　(　　　　)　(　　　　　　)　(　　　)
　【ニ．】(　　　)　(　　　　　　　)　(　　　　)　(　　　　　　)　(　　　)
　【ホ．】(　　　)　(　　　　　　　)　(　　　　)　(　　　　　　)　(　　　)

【6．その他必要な事項】

【7．備考】

津波防災地域づくりに関する法律施行規則

(注意)
1．各面共通関係
　　数字は算用数字を、単位はメートル法を用いてください。
2．第一面関係
　①申請者の氏名の記載を自署で行う場合においては、押印を省略することができます。
　②申請者が2以上のときは、1欄は代表となる申請者について記入し、別紙に他の申請者についてそれぞれ必要な事項を記入して添えてください。
　③2欄は、設計者が建築士事務所に属しているときは、その名称を書き、建築士事務所に属していないときは、所在地は設計者の住所を書いてください。
　④設計者が2以上のときは、2欄は代表となる設計者について記入し、別紙に他の設計者について棟別にそれぞれ必要な事項を記入して添えてください。
　⑤※印のある欄は記入しないでください。
3．第二面関係
　①住居表示が定まっているときは、2欄に記入してください。
　②3欄は、該当するチェックボックスに「レ」マークを入れてください。なお、建築物の敷地が防火地域、準防火地域又は指定のない区域のうち2以上の地域又は区域にわたるときは、それぞれの地域又は区域について記入してください。
　③4欄は、建築物の敷地が存する3欄に掲げる地域以外の区域、地域、地区又は街区を記入してください。なお、建築物の敷地が2以上の区域、地域、地区又は街区にわたる場合は、それぞれの区域、地域、地区又は街区を記入してください。
　④5欄は、建築物の敷地が2メートル以上接している道路のうち最も幅員の大きなものについて記入してください。
　⑤6欄の「イ」(1)は、建築物の敷地が、2以上の用途地域若しくは高層住居誘導地区、建築基準法第52条第1項第1号から第6号までに規定する容積率の異なる地域、地区若しくは区域又は同法第53条第1項第1号から第6号までに規定する建ぺい率若しくは高層住居誘導地区に関する都市計画において定められた建築物の建ぺい率の最高限度の異なる地域、地区若しくは区域（以下「用途地域が異なる地域等」という。）にわたる場合においては、用途地域が異なる地域等ごとに、それぞれの用途地域が異なる地域等に対応する敷地の面積を記入してください。「イ」(2)は、同法第52条第12項の規定を適用する場合において、同条第13項の規定に基づき、「イ」(1)で記入した敷地面積に対応する敷地の部分について、建築物の敷地のうち前面道路と壁面線又は壁面の位置の制限として定められた限度の線との間の部分を除いた敷地の面積を記入してください。
　⑥6欄の「ロ」、「ハ」及び「ニ」は、「イ」に記入した敷地面積に対応する敷地の部分について、それぞれ記入してください。
　⑦6欄の「ホ」(1)は、「イ」(1)の合計とし、「ホ」(2)は、「イ」(2)の合計とします。
　⑧建築物の敷地が、建築基準法第52条第7項若しくは第9項に該当する場合又は同条第8項若しくは第12項の規定が適用される場合においては、6欄の「ヘ」に、同条第7項若しくは第9項の規定に基づき定められる当該建築物の容積率又は同条第8項若しくは第12項の規定が適用される場合における当該建築物の容積率を記入してください。
　⑨建築物の敷地について、建築基準法第57条の2第4項の規定により現に特例容積率の限度が公告されているときは、6欄の「チ」にその旨及び当該特例容積率の限度を記入してください。
　⑩建築物の敷地が建築基準法第53条第2項若しくは同法第57条の5第2項に該当する場合又は建

111

参考資料

築物が同法第53条第3項、第5項若しくは第6項に該当する場合においては、6欄の「ト」に、同条第2項、第3項、第5項又は第6項の規定に基づき定められる当該建築物の建ぺい率を記入してください。
⑪7欄は、建築基準法施行規則別紙の表の用途の区分に従い対応する記号を記入した上で、主要用途をできるだけ具体的に書いてください。
⑫8欄は、該当するチェックボックスに「レ」マークを入れてください。
⑬10欄の「ロ」に建築物の地階でその天井が地盤面からの高さ1メートル以下にあるものの住宅の用途に供する部分の床面積を記入してください。
⑭共同住宅については、10欄の「ロ」の床面積は、その地階の住宅の用途に供する部分の床面積から、その地階の共用の廊下又は階段の用に供する部分の床面積を除いた面積とします。
⑮10欄の「ハ」に共同住宅の共用の廊下又は階段の用に供する部分の床面積を記入してください。
⑯10欄の「ニ」に自動車車庫その他の専ら自動車又は自転車の停留又は駐車のための施設（誘導車路、操車場所及び乗降場を含む。）の用途に供する部分の床面積を記入してください。
⑰10欄の「ヘ」の延べ面積及び「ト」の容積率の算定の基礎となる延べ面積は、各階の床面積の合計から「ロ」に記入した床面積（この面積が敷地内の建築物の住宅の用途に供する部分の床面積の合計の3分の1を超える場合においては、敷地内の建築物の住宅の用途に供する部分の床面積の合計の3分の1の面積）、「ハ」に記入した床面積及び「ニ」に記入した床面積（この面積が敷地内の建築物の各階の床面積の合計の5分の1を超える場合においては、敷地内の建築物の各階の床面積の合計の5分の1の面積）を除いた面積とします。また、建築基準法第52条第12項の規定を適用する場合においては、「ト」の敷地面積は、6欄「ホ」(2)によることとします。
⑱6欄の「ハ」、「ニ」、「ヘ」及び「ト」、9欄の「ロ」並びに10欄の「ト」は、百分率を用いてください。
⑲ここに書き表せない事項で特に認定を受けようとする事項は、14欄又は別紙に記載して添えてください。

4．第三面関係
①この書類は、建築物ごとに作成してください。
②この書類に記載する事項のうち、5欄の事項については、別紙に明示して添付すれば記載する必要はありません。
③1欄は、建築物の数が1のときは「1」と記入し、建築物の数が2以上のときは、建築物ごとに通し番号を付し、その番号を記入してください。
④2欄は、該当するチェックボックスに「レ」マークを入れてください。
⑤5欄は、建築基準法施行規則別紙の表の用途の区分に従い対応する記号を記入した上で、用途をできるだけ具体的に書き、それぞれの用途に供する部分の床面積を記入してください。
⑥ここに書き表せない事項で特に認定を受けようとする事項は、6欄又は別紙に記載して添えてください。
⑦建築物が高床式住宅（豪雪地において積雪対策のため通常より床を高くした住宅をいう。）である場合には、床面積の算定において床下部分の面積を除くものとし、7欄に、高床式住宅である旨及び床下の部分の面積を記入してください。

別記様式第四（第六条第二項関係）（日本工業規格Ａ４）

認　定　通　知　書

第　　　　　号

平成　　年　　月　　日

申請者　　　　　　　　　殿

特定行政庁　　　　　　　印

　下記による認定申請書及び添付図書に記載の計画について、津波防災地域づくりに関する法律第15条の規定に基づき、認定しましたので通知します。

記

１．申請年月日　平成　　年　　月　　日
２．建築場所
３．建築物又はその部分の概要
（注意）この通知書は、大切に保存しておいてください。

別記様式第五（第六条第三項関係）（日本工業規格Ａ４）

認定しない旨の通知書

第　　　　　号

平成　　年　　月　　日

申請者　　　　　　　　　殿

特定行政庁　　　　　　　印

　別添の認定申請書及び添付図書に記載の計画については、下記の理由により津波防災地域づくりに関する法律第15条の規定による認定をしないこととしましたので、通知します。

　なお、この処分に不服があるときは、この通知を受けた日の翌日から起算して60日以内に　　　　　に対して行政不服審査法（昭和37年法律第160号）に基づく異議申立てをすることができます（なお、この通知を受けた日の翌日から起算して60日以内であっても、処分の日から１年を経過すると異議申立てをすることができなくなります。）。この処分について訴訟により取消しを求めるときには、この通知を受けた日の翌日から起算して６ヶ月以内に　　　　　を被告として（訴訟において　　　　　を代表する者は　　　　　となります。）行政事件訴訟法（昭和37年法律第139号）に基づく処分の取消しの訴えを提起することができます（なお、この通知を受けた日の翌日から起算して６ヶ月以内であっても、処分の日から１年を経過すると処分の取消しの訴えを提起することができなくなります。）。

（理由）

参考資料

別記様式第六（第十五条関係）

整理番号	保管した他の施設等			保管した他の施設等が放置されていた場所	除却した年月日時	保管を始めた年月日時	保管の場所	備考
^	名称又は種類	形状又は特徴	数　量					
保管した他の施設等の一覧簿									

別記様式第七（第十七条関係）（日本工業規格Ａ４）

<table>
<tr><td colspan="3">受　　　領　　　書
　　　　　　　　　　　　　　　　　　　　　年　月　日
　　　　殿
　　　　　　　　返還を受けた者
　　　　　　　　　　住　　所
　　　　　　　　　　氏　　名　　　　　　　　　印
　下記のとおり他の施設等（現金）の返還を受けました。</td></tr>
<tr><td colspan="2">返還を受けた日時</td><td></td></tr>
<tr><td colspan="2">返還を受けた場所</td><td></td></tr>
<tr rowspan="4"><td rowspan="4">返還を受けた他の施設等</td><td>整　理　番　号</td><td></td></tr>
<tr><td>名称又は種類</td><td></td></tr>
<tr><td>形状又は特徴</td><td></td></tr>
<tr><td>数　　　　量</td><td></td></tr>
<tr><td colspan="2">（返還を受けた金額）</td><td></td></tr>
</table>

備考
1　返還を受けた者が法人である場合においては、住所及び氏名は、それぞれその法人の主たる事務所の所在地、名称及びその代表者の氏名を記載すること。
2　返還を受けた者の氏名（法人にあっては、その代表者の氏名）の記載を自署で行う場合においては、押印を省略することができる。

参考資料

別記様式第八（第二十条第三項関係）（日本工業規格Ａ４）
　第一表

○○津波防護施設台帳

整理番号			
指定年月日及び番号	年　月　日　（　）	津波防護施設管理者名	
津波防護施設区域			
津波防護施設区域の面積	M^2		
津波防護施設区域の概況			
摘　　　　要	占用許可等の概要 その他特記すべき事項		

　第二表

津　波　防　護　施　設　調　書

位置	種類	管理者名	構造	数量	竣功年月日	摘要

別記様式第九（第二十五条第一項関係）

指定津波防護施設に関する行為の届出書

津波防災地域づくりに関する法律（以下「法」という。）第52条第1項の規定により法第52条第1項各号に掲げる行為を届け出ます。 　　　　　年　　　月　　　日 　　　　　　　　　殿 　　　　　　　　　　　届出者　住所 　　　　　　　　　　　　　　氏名　　　　　　　　　　　　印		
1　指定津波防護施設の名称及び指定番号		
2　法第52条第1項各号に掲げる行為の種類		
3　法第52条第1項各号に掲げる行為を行う場所		
4　法第52条第1項各号に掲げる行為の設計又は施行方法の概要		
5　法第52条第1項各号に掲げる行為の着手予定日	年　　　月　　　日	
6　法第52条第1項各号に掲げる行為の完了予定日	年　　　月　　　日	
7　その他必要な事項		
※　受付番号	年　　　月　　　日	第　　　号

備考　1　届出者が法人である場合においては、住所及び氏名は、それぞれその法人の主たる事務所の所在地、名称及びその代表者の氏名を記載すること。
　　　2　届出者の氏名（法人にあっては、その代表者の氏名）の記載を自署で行う場合においては、押印を省略することができる。
　　　3　※印のある欄は記載しないこと。
　　　4　法第52条第1項各号に掲げる行為の設計又は施行方法については、概要の記述の末尾に「（設計又は施行方法の詳細は、別葉の計画図による。）」と記載し、計画図を別葉とすること。
　　　5　「その他必要な事項」の欄には、法第52条第1項各号に掲げる行為を行うことについて、建築基準法その他の法令による許可、認可等を要する場合には、その手続の状況を記載すること。

○津波防災地域づくりに関する法律の施行期日を定める政令

〔平成23年12月26日〕
〔政　令　第　425　号〕

　内閣は、津波防災地域づくりに関する法律（平成23年法律第123号）附則本文の規定に基づき、この政令を制定する。
　津波防災地域づくりに関する法律の施行期日は、平成23年12月27日とする。

●津波防災地域づくりに関する法律の施行に伴う関係法律の整備等に関する法律

〔平成23年12月14日〕
〔法　律　第　124　号〕

（水防法の一部改正）
第1条　水防法（昭和24年法律第193号）の一部を次のように改正する。

　目次中「第31条」を「第32条の3」に改め、「の組織及び活動」を削り、「第32条」を「第33条」に改める。

　第1条中「洪水」の下に「、津波」を加え、「防ぎよし」を「防御し」に、「因る」を「よる」に改める。

　第2条第7項中「洪水」の下に「、津波」を加える。

　第3条の2中「果す」を「果たす」に改め、「洪水」の下に「、津波」を加える。

　第7条中第4項を第5項とし、第3項を第4項とし、同条第2項中「前項」を「第1項」に改め、同項を同条第3項とし、同条第1項の次に次の1項を加える。

2　都道府県の水防計画は、津波の発生時における水防活動その他の危険を伴う水防活動に従事する者の安全の確保が図られるように配慮されたものでなければならない。

　第9条中「海岸堤防等を」を「海岸堤防、津波防護施設（津波防災地域づくりに関する法律（平成23年法律第123号）第2条第10項に規定する津波防護施設をいう。以下この条において同じ。）等を」に、「海岸堤防等の」を「海岸堤防、津波防護施設等の」に改める。

　第10条の見出し中「洪水予報」を「洪水予報等」に改め、同条第1項中「洪水」の下に「、津波」を加え、同条第3項中「事項」の下に「（量水標管理者にあつては、洪水又は高潮に係る事項に限る。）」を加える。

　第15条第4項中「土砂災害警戒区域等における土砂災害防止対策の推進に関する法律（平成12年法律第57号）第6条第1項に規定する土砂災害警戒区域をその区域に含む市町村にあつては、同法第7条第3項に規定する事項のうち洪水時において同法第2条に規定する土砂災害（河道閉塞による湛水を発生原因とするものを除く。）を防止するため必要と認められる」を「次の各号に掲げる区域をその区域に含む市町村にあつては、それぞれ当該各号に定める」に改め、同項に次の各号を加える。

119

参考資料

　一　土砂災害警戒区域等における土砂災害防止対策の推進に関する法律（平成12年法律第57号）第6条第1項の土砂災害警戒区域　同法第7条第3項に規定する事項
　二　津波防災地域づくりに関する法律第53条第1項の津波災害警戒区域　同法第55条に規定する事項

第16条第1項中「洪水」の下に「、津波」を加える。

第29条中「又は高潮のはん濫により」を「、津波又は高潮によつて氾濫による」に、「居住者」を「居住者、滞在者その他の者」に改める。

第4章の章名中「の組織及び活動」を削る。

第35条を削り、第34条を第35条とし、第33条を第34条とする。

第32条に次の1項を加える。

4　第7条第2項の規定は、指定管理団体の水防計画について準用する。

第32条を第33条とする。

第3章中第31の次に次の3条を加える。

（特定緊急水防活動）

第32条　国土交通大臣は、洪水、津波又は高潮による著しく激甚な災害が発生した場合において、水防上緊急を要すると認めるときは、次に掲げる水防活動（以下この条及び第43条の2において「特定緊急水防活動」という。）を行うことができる。

　一　当該災害の発生に伴い浸入した水の排除
　二　高度の機械力又は高度の専門的知識及び技術を要する水防活動として政令で定めるもの

2　国土交通大臣は、前項の規定により特定緊急水防活動を行おうとするときは、あらかじめ、当該特定緊急水防活動を行おうとする場所に係る水防管理者にその旨を通知しなければならない。特定緊急水防活動を終了しようとするときも、同様とする。

3　第1項の規定により国土交通大臣が特定緊急水防活動を行う場合における第19条、第21条、第22条、第25条、第26条及び第28条の規定の適用については、第19条中「水防団長、水防団員及び消防機関に属する者」とあり、第21条第1項中「水防団長、水防団員又は消防機関に属する者」とあり、及び同条第2項中「水防団長、水防団員若しくは消防機関に属する者」とあるのは「国土交通省の職員」と、第22条中「水防管理者」とあり、第25条中「水防管理者、水防団長、消防機関の長又は水防協力団体の代表者」とあり、第26条中「水防管理者、水防団長、消防機関の長及び水防協力団体の代表者」とあり、及び第28条第1項中「水防管理者、水防団長又は消防

津波防災地域づくりに関する法律の施行に伴う関係法律の整備等に関する法律

機関の長」とあるのは「国土交通大臣」と、同条第2項中「水防管理団体」とあるのは「国」とする。
　（水防訓練）
第32条の2　指定管理団体は、毎年、水防団、消防機関及び水防協力団体の水防訓練を行わなければならない。
2　指定管理団体以外の水防管理団体は、毎年、水防団、消防機関及び水防協力団体の水防訓練を行うよう努めなければならない。
　（津波避難訓練への参加）
第32条の3　津波防災地域づくりに関する法律第53条第1項の津波災害警戒区域に係る水防団、消防機関及び水防協力団体は、同法第54条第1項第3号に規定する津波避難訓練が行われるときは、これに参加しなければならない。
　第43条の次に次の1条を加える。
　（国の費用負担）
第43条の2　第32条第1項の規定により国土交通大臣が行う特定緊急水防活動に要する費用は、国の負担とする。
　（建築基準法の一部改正）
第2条　建築基準法（昭和25年法律第201号）の一部を次のように改正する。
　第88条第4項中「又は都市計画法」を「、都市計画法」に改め、「第35条の2第1項本文」の下に「又は津波防災地域づくりに関する法律（平成23年法律第123号）第73条第1項若しくは第78条第1項」を加える。
　（土地収用法の一部改正）
第3条　土地収用法（昭和26年法律第219号）の一部を次のように改正する。
　第3条第10号の2の次に次の1号を加える。
　　十の三　津波防災地域づくりに関する法律（平成23年法律第123号）による津波防護施設
　（気象業務法の一部改正）
第4条　気象業務法（昭和27年法律第165号）の一部を次のように改正する。
　第14条の2第1項中「、気象」の下に「、津波」を加える。
　（自衛隊法の一部改正）
第5条　自衛隊法（昭和29年法律第165号）の一部を次のように改正する。
　第115条の2第3項中「以下第115条の23まで」を「次条から第115条の24まで」に改める。
　第115条の23の次に次の1条を加える。

参考資料

（津波防災地域づくりに関する法律の特例）
第115条の24　第76条第１項の規定により出動を命ぜられ、又は第77条の２の規定による措置を命ぜられた自衛隊の部隊等が津波防災地域づくりに関する法律（平成23年法律第123号）第22条第１項又は第23条第１項の規定により許可を要する行為をしようとする場合における同法第25条の規定の適用については、撤収を命ぜられ、又は第77条の２の規定による命令が解除されるまでの間は、同法第25条中「国又は地方公共団体と津波防護施設管理者との協議が成立することをもって、これらの規定による許可があったものとみなす」とあるのは、「これらの規定にかかわらず、国があらかじめ津波防護施設管理者に当該行為をしようとする旨を通知することをもって足りる」とする。
２　前項の規定により読み替えられた津波防災地域づくりに関する法律第25条の通知を受けた津波防護施設管理者は、津波防護施設の保全上必要があると認めるときは、当該通知に係る部隊等の長に対し意見を述べることができる。

（都市計画法の一部改正）
第６条　都市計画法（昭和43年法律第100号）の一部を次のように改正する。
　第11条第１項中第11号を第12号とし、第10号の次に次の１号を加える。
　　十一　一団地の津波防災拠点市街地形成施設（津波防災地域づくりに関する法律（平成23年法律第123号）第２条第15項に規定する一団地の津波防災拠点市街地形成施設をいう。）
　第11条第４項中「並びに流通業務団地」を「、流通業務団地並びに一団地の津波防災拠点市街地形成施設」に改める。
　第13条第４項中「流通業務団地」の下に「、一団地の津波防災拠点市街地形成施設」を加える。
　第33条第１項第７号中「宅地造成等規制法（昭和36年法律第191号）第３条第１項の宅地造成工事規制区域内」を「次の表の上欄に掲げる区域内」に、「開発行為に関する」を「同表の中欄に掲げる」に、「同法第９条の規定」を「同表の下欄に掲げる基準」に改め、同号に次の表を加える。

宅地造成等規制法（昭和36年法律第191号）第３条第１項の宅地造成工事規制区域	開発行為に関する工事	宅地造成等規制法第９条の規定に適合するものであること。
津波防災地域づくりに関	津波防災地域づくりに関	津波防災地域づくりに関

津波防災地域づくりに関する法律の施行に伴う関係法律の整備等に関する法律

| する法律第72条第1項の津波災害特別警戒区域 | する法律第73条第1項に規定する特定開発行為（同条第4項各号に掲げる行為を除く。）に関する工事 | する法律第75条に規定する措置を同条の国土交通省令で定める技術的基準に従い講じるものであること。 |

第36条第3項に後段として次のように加える。
　この場合において、当該工事が津波災害特別警戒区域（津波防災地域づくりに関する法律第72条第1項の津波災害特別警戒区域をいう。以下この項において同じ。）内における同法第73条第1項に規定する特定開発行為（同条第4項各号に掲げる行為を除く。）に係るものであり、かつ、当該工事の完了後において当該工事に係る同条第4項第1号に規定する開発区域（津波災害特別警戒区域内のものに限る。）に地盤面の高さが同法第53条第2項に規定する基準水位以上である土地の区域があるときは、その区域を併せて公告しなければならない。

　（景観法の一部改正）
第7条　景観法（平成16年法律第110号）の一部を次のように改正する。
　第8条第2項第4号ロ中「よる都市公園」の下に「、津波防災地域づくりに関する法律（平成23年法律第123号）による津波防護施設」を加え、同号ハ中(6)を(7)とし、(5)を(6)とし、(4)を(5)とし、(3)の次に次のように加える。
　　　(4)　津波防災地域づくりに関する法律第22条第1項又は第23条第1項の許可の基準
　第16条第7項第5号中「(6)」を「(7)」に改める。
　第51条の次に次の1条を加える。
　　（津波防災地域づくりに関する法律の特例）
第51条の2　景観計画に第8条第2項第4号ハ(4)の許可の基準が定められた景観重要公共施設である津波防災地域づくりに関する法律による津波防護施設についての同法第22条第2項及び第23条第2項の規定の適用については、同法第22条第2項中「及ぼすおそれがある」とあるのは「及ぼすおそれがあり、又は景観法第8条第1項に規定する景観計画に定められた同条第2項第4号ハ(4)の許可の基準（前項の許可に係るものに限る。）に適合しないものである」と、同法第23条第2項中「前条第2項」とあるのは「景観法第51条の2の規定により読み替えて適用する前条第2項」と、「準用する」とあるのは「準用する。この場合において、同条第2項中「前項の許可に係るもの」とあるのは、「次条第1項の許可に係るもの」と読み替えるものとする」とする。

123

参考資料

　　第52条第1項中「第8条第2項第4号ハ(4)」を「第8条第2項第4号ハ(5)」に、「同条第2項第4号ハ(4)」を「同条第2項第4号ハ(5)」に改め、同条第2項中「第8条第2項第4号ハ(4)」を「第8条第2項第4号ハ(5)」に、「同号ハ(4)」を「同号ハ(5)」に改める。

　　第53条中「第8条第2項第4号ハ(5)」を「第8条第2項第4号ハ(6)」に、「同条第2項第4号ハ(5)」を「同条第2項第4号ハ(6)」に改める。

　　第54条中「第8条第2項第4号ハ(6)」を「第8条第2項第4号ハ(7)」に、「同条第2項第4号ハ(6)」を「同条第2項第4号ハ(7)」に改める。

　（国土交通省設置法の一部改正）
第8条　国土交通省設置法（平成11年法律第100号）の一部を次のように改正する。
　　第13条第1項第3号中「土地収用法」を「津波防災地域づくりに関する法律（平成23年法律第123号）、土地収用法」に改める。

　　　附　則
　（施行期日）
1　この法律は、津波防災地域づくりに関する法律（平成23年法律第123号）の施行の日から施行する。ただし、第2条の規定並びに第6条中都市計画法第33条第1項第7号及び第36条第3項の改正規定は、津波防災地域づくりに関する法律附則ただし書に規定する日から施行する。
　（災害対策基本法の一部改正）
2　災害対策基本法（昭和36年法律第223号）の一部を次のように改正する。
　　第41条第1号中「第3項」を「第4項」に、「第32条第1項」を「第33条第1項」に改める。

津波防災地域づくりに関する法律及び津波防災地域づくりに関する法律の施行に伴う関係法律の整備等に関する法律の施行に伴う関係政令の整備に関する政令

○津波防災地域づくりに関する法律及び津波防災地域づくりに関する法律の施行に伴う関係法律の整備等に関する法律の施行に伴う関係政令の整備に関する政令

〔平成23年12月26日〕
〔政 令 第 427 号〕

（気象業務法施行令の一部改正）
第1条　気象業務法施行令（昭和27年政令第471号）の一部を次のように改正する。

　　第6条中「左の」を「次の」に改め、同条の表水防活動用気象注意報の項及び水防活動用気象警報の項中「起る」を「起こる」に改め、同項の次に次のように加える。

| 水防活動用津波注意報 | 津波によつて災害が起こるおそれがある場合に、その旨を注意して行う予報 |
| 水防活動用津波警報 | 津波に関する警報 |

　　第6条の表水防活動用洪水注意報の項中「起る」を「起こる」に改める。
　　第7条中「次の各号の定める」を「次に掲げる」に改め、同条第3号の表に次のように加える。

| 水防活動用津波警報 | 警察庁、国土交通省、都道府県、東日本電信電話株式会社及び西日本電信電話株式会社の機関 |

（宅地造成等規制法施行令の一部改正）
第2条　宅地造成等規制法施行令（昭和37年政令第16号）の一部を次のように改正する。
　　第2条中「海岸保全施設」の下に「、津波防護施設」を加える。

（宅地建物取引業法施行令の一部改正）
第3条　宅地建物取引業法施行令（昭和39年政令第383号）の一部を次のように改正する。
　　第2条の5第19号の次に次の1号を加える。
　　　十九の二　津波防災地域づくりに関する法律（平成23年法律第123号）第23条第1項の許可
　　第3条第1項第20号の次に次の1号を加える。
　　　二十の二　津波防災地域づくりに関する法律第23条第1項、第52条第1項、第58条

125

参考資料

及び第68条

（電気事業法施行令の一部改正）
第4条　電気事業法施行令（昭和40年政令第206号）の一部を次のように改正する。
　　第3条第1項に次の1号を加える。
　　八　津波防災地域づくりに関する法律（平成23年法律第123号）が適用される津波防護施設に関する工事、津波防護施設に関する工事により必要を生じた工事又は津波防護施設に関する工事を施行するために必要を生じた工事

（首都圏近郊緑地保全法施行令の一部改正）
第5条　首都圏近郊緑地保全法施行令（昭和42年政令第13号）の一部を次のように改正する。
　　第3条第1号中「勾配」を「勾配」に改め、同条中第32号を第34号とし、第14号から第31号までを2号ずつ繰り下げ、第13号を第14号とし、同号の次に次の1号を加える。
　　十五　津波防災地域づくりに関する法律（平成23年法律第123号）による津波防護施設に関する工事の施行又は津波防護施設の管理に係る行為
　　第3条第12号の2を同条第13号とする。

（近畿圏の保全区域の整備に関する法律施行令の一部改正）
第6条　近畿圏の保全区域の整備に関する法律施行令（昭和43年政令第9号）の一部を次のように改正する。
　　第6条中第32号を第34号とし、第14号から第31号までを2号ずつ繰り下げ、第13号を第14号とし、同号の次に次の1号を加える。
　　十五　津波防災地域づくりに関する法律（平成23年法律第123号）による津波防護施設に関する工事の施行又は津波防護施設の管理に係る行為
　　第6条第12号の2を同条第13号とする。

（都市緑地法施行令の一部改正）
第7条　都市緑地法施行令（昭和49年政令第3号）の一部を次のように改正する。
　　第3条第1号中「勾配」を「勾配」に改め、同条中第8号を削り、第9号を第8号とし、第10号から第15号までを1号ずつ繰り上げ、第16号を第15号とし、同号の次に次の1号を加える。
　　十六　津波防災地域づくりに関する法律（平成23年法律第123号）による津波防護施設に関する工事の施行又は津波防護施設の管理に係る行為
　　第3条第17号及び第18号中「勾配」を「勾配」に改める。

（不動産特定共同事業法施行令の一部改正）

津波防災地域づくりに関する法律及び津波防災地域づくりに関する法律の施行に伴う関係法律の整備等に関する法律の施行に伴う関係政令の整備に関する政令

第8条　不動産特定共同事業法施行令（平成6年政令第413号）の一部を次のように改正する。

第6条第23号の次に次の1号を加える。

二十三の二　津波防災地域づくりに関する法律（平成23年法律第123号）第23条第1項の許可

（土壌汚染対策法施行令の一部改正）

第9条　土壌汚染対策法施行令（平成14年政令第336号）の一部を次のように改正する。

第7条に次の1号を加える。

十二　津波防災地域づくりに関する法律（平成23年法律第123号）第21条第1項の規定により指定された津波防護施設区域内の土地

（国立大学法人法施行令の一部改正）

第10条　国立大学法人法施行令（平成15年政令第478号）の一部を次のように改正する。

第22条第1項中第61号を第62号とし、第48号から第60号までを1号ずつ繰り下げ、第47号の次に次の1号を加える。

四十八　津波防災地域づくりに関する法律（平成23年法律第123号）第25条

（独立行政法人国立高等専門学校機構法施行令の一部改正）

第11条　独立行政法人国立高等専門学校機構法施行令（平成15年政令第479号）の一部を次のように改正する。

第2条第1項中第24号を第25号とし、第23号の次に次の1号を加える。

二十四　津波防災地域づくりに関する法律（平成23年法律第123号）第25条

（地方独立行政法人法施行令の一部改正）

第12条　地方独立行政法人法施行令（平成15年政令第486号）の一部を次のように改正する。

第13条第1項中「第23号」を「第24号」に改め、第20号を削り、第21号を第20号とし、第22号を第21号とし、同号の次に次の1号を加える。

二十二　津波防災地域づくりに関する法律（平成23年法律第123号）第25条

第13条第1項中第23号を第24号とし、同号の前に次の1号を加える。

二十三　毒物及び劇物取締法施行令（昭和30年政令第261号）第11条第1号、第13条第1号イ、第16条第1号、第18条第1号イ及びヘ、第22条第1号、第24条第1号イ並びに第28条第1号イ

（景観法施行令の一部改正）

第13条　景観法施行令（平成16年政令第398号）の一部を次のように改正する。

第6条中第16号を第17号とし、第6号から第15号までを1号ずつ繰り下げ、第5号

127

参考資料

の次に次の1号を加える。

　　六　津波防災地域づくりに関する法律（平成23年法律第123号）第10条第1項の推進計画

　　第22条第4号ホ中「(6)までの」を「(7)までに規定する」に改める。

　（公益通報者保護法別表第8号の法律を定める政令の一部改正）

第14条　公益通報者保護法別表第8号の法律を定める政令（平成17年政令第146号）の一部を次のように改正する。

　　第430号を第431号とし、第429号の次に次の1号を加える。

　　四百三十　津波防災地域づくりに関する法律（平成23年法律第123号）

　（防衛省組織令の一部改正）

第15条　防衛省組織令（昭和29年政令第178号）の一部を次のように改正する。

　　第24条第3号中「若しくは第115条の23第1項」を「、第115条の23第1項若しくは第115条の24第1項」に改める。

　（総務省組織令の一部改正）

第16条　総務省組織令（平成12年政令第246号）の一部を次のように改正する。

　　第144条第17号及び第149条第13号中「第7条第3項」を「第7条第4項」に改める。

　（国土交通省組織令の一部改正）

第17条　国土交通省組織令（平成12年政令第255号）の一部を次のように改正する。

　　第93条に次の2号を加える。

　　十一　津波防護施設の行政監督に関すること。

　　十二　津波災害警戒区域に関すること（技術に関するものを除く。）。

　　第97条第3号中「こと（」の下に「水政課及び」を加える。

　（社会資本整備審議会令の一部改正）

第18条　社会資本整備審議会令（平成12年政令第299号）の一部を次のように改正する。

　　第6条第1項の表河川分科会の項中「河川法」を「津波防災地域づくりに関する法律（平成23年法律第123号）第3条第3項（同条第2項第2号、第3号及び第5号に掲げる事項に係る部分に限り、同条第5項において準用する場合を含む。）及び第8条第5項（同条第6項において準用する場合を含む。）、河川法」に、「及び」を「並びに」に改める。

　　　附　則

　この政令は、津波防災地域づくりに関する法律の施行の日（平成23年12月27日）から施行する。

〔参考２〕緊急提言

○「津波防災まちづくりの考え方」

社会資本整備審議会・交通政策審議会交通体系分科会
計画部会　緊急提言

（平成 23 年 7 月 6 日
社会資本整備審議会・交通政策審議会
交通体系分科会　計画部会）

目次

1　基本認識
　(1)　検討にあたり留意すべき事項
　(2)　検討にあたっての問題意識

2　津波防災まちづくりについての考え方

3　上記考え方に照らし今後解決すべき課題
　(1)　国の役割
　(2)　災害に対する情報共有、相互意思疎通と、具体的な避難計画の策定等
　(3)　土地利用・建築構造規制
　(4)　津波防災のための施設の整備等
　(5)　早期の復旧・復興を図るための制度
　(6)　津波防災まちづくりを計画的、総合的に推進するための仕組み

4　持続可能で安全な国土や生活、地域等を維持するための社会資本整備のあり方に関する検討の視点

参考資料

津波防災まちづくりの考え方

1 基本認識
　(1) 検討にあたり留意すべき事項
　今回の東日本大震災は、我が国の観測史上最大のマグニチュード9.0という巨大な地震と津波により、広域にわたって大規模な被害が発生するという、未曾有の災害となった。「災害には上限がない」ことを、多くの国民が改めて認識することとなり、想定を超える大規模な災害が発生しても、避難を誘導すること等を通じて、とにかく人命を救う、ということが重要であるにもかかわらず、それは容易なことではない、という問題意識が共有されつつある。当部会としても、今回の震災を教訓とし、「国民の安全・安心を守る」という社会資本整備の使命を踏まえ、大震災を踏まえた今後の津波防災まちづくりの考え方について、早期に方向性を示すことが求められている。
　我が国の防災対策と社会資本整備の歩みを振り返ると、時代の要請に応じて、その理念や手法を変化させてきた。現代の防災対策は、昭和34年の伊勢湾台風を契機に制定された災害対策基本法及び同法に基づく防災基本計画において、その基本が定められた。防災の目的は「国土並びに国民の生命、身体及び財産を災害から保護する」ものとされ、防災行政を総合的かつ計画的に推進することとされた。なお、いつどこで発生するか分からない地震災害については、予防よりも応急対策、事後対策に重点が置かれ、「事前」対策は、国土保全事業としての治水対策等が中心であった。
　高度経済成長期に入ると、市街化の進展に対応し、社会資本整備とまちづくりの調和が一層求められるようになった。例えば、都市計画法において市街化区域・市街化調整区域の区分や、開発許可制度が定められるとともに、郊外の宅地開発の進展に伴い、急傾斜地の崩壊対策など土砂災害対策の重要性が一層増していった。
　平成7年に発生した阪神・淡路大震災は、地震対策における「減災」対策の重要性が強く認識される契機となった。道路、港湾などの公共施設や、鉄道・ライフラインなどの公益施設が多数破壊され、暮らしや経済活動をおびやかすとともに、数多くの建築物が一斉に倒壊し多くの死傷者を生んだことから、建築物の耐震化の重要性が認識され、公共施設・公益施設の耐震化が強力に進められるとともに、住宅の耐震改修に対しても公的な支援制度が創設されるきっかけとなった。
　「減災」を重視する考え方は、その手法とともに更に発展し、ハード事業だけでなくソフト事業も組み合わせた総合的な防災対策が制度的に取り組まれるようになってきた。
　例えば、土砂災害については、宅地開発の一層の進展に伴い土砂災害の発生する恐れのある危険な箇所が年々増加していく中で、これらの全てを対策工事により安全な状態にしていくには膨大な時間と費用が必要となってきたこと、また、都市水害については、

「津波防災まちづくりの考え方」

　市街化の進展に伴い、河道等の整備による浸水被害の防止が困難な都市部において、降水の地中浸透が弱まることで短時間にピーク流量に達するなどの課題が顕在化してきたことなどから、平成12年には土砂災害防止法が、平成15年には特定都市河川浸水被害対策法が制定され、土砂災害警戒区域の指定やハザードマップの整備による警戒避難体制の整備など、ソフト施策をより重視する取組が行われるようになった。

　さらに、中央防災会議は、大規模地震について、事前対策を一層加速させ、被害の軽減を図るため、被害想定をもとに人的被害、経済被害の軽減について「減災目標」を定めるという方針を決定した。この方針に基づき、平成17年3月には、東海地震、東南海・南海地震の「地震防災戦略」を策定し、今後10年で死者数、経済被害額を半減することを目標に掲げ、目標を達成するために住宅の耐震化率を90％に引き上げることとした。

　他方、社会資本整備については、公共事業に対する批判の高まり等を背景に、公共事業の透明性をそれまで以上に確保することが求められるようになったことなどから、事業評価を通じた公共事業の効率性及び透明性向上に向けた取組みが進められた。

　さらに、政策課題への重点的な取組や、より低コストで質の高い事業を実現するといった時代の要請に応じ、一層重点的、効果的かつ効率的に推進していくことが求められる中で、「社会資本整備重点計画」を策定することにより、社会資本整備に係る計画の重点を、国民が享受する成果の重視に転換するとともに、事業間の連携を一層深める努力がなされた。

　また、地方分権が進む中で、平成17年に成立した国土形成計画法においては、全国計画だけでなく、地方ブロックごとの広域地方計画をつくることとされ、国と地方の協働によりビジョンが策定されることとなった。さらに、厳しい財政状況の下で公共事業費が削減される中で、社会資本の老朽化と維持管理の問題などが注目されるようになり、「選択と集中」が重要な要素となってきている。

　これまで、我が国では被災した三陸地方をはじめ、巨大津波による災害が繰り返されてきた歴史があるが、津波災害の経験と教訓を次世代にも継承し、将来の被害をできる限り軽減するためには、防災・減災のための具体的な取り組みを、世代を超えて持続させることが必要であり、そのための仕組みが求められている。

　以上を踏まえると、これまで津波対策については、一定頻度の津波レベルを想定し、主に海岸堤防などのハードを中心とした対策を行って来たが、今回のような低頻度ではあるが大規模な津波災害に対する減災の考え方を明確にするとともに、以下のような点に留意し、具体的な取り組みを進める必要がある。

　　　・自助・共助・公助を踏まえた国の役割
　　　・ハード・ソフトの連携（組み合わせ）

参考資料

　　　　・限られた財源等の中での効果的な施策展開
（2）　検討にあたっての問題意識
　5月18日の当計画部会において、国土交通大臣から以下の問題意識が示されており、これに答える必要がある。
　1）被災地による地域ごとの特性を踏まえた復興プランの作成に資するため、津波防災とまちづくりの考え方を国が提示することが求められている。
　2）東海・東南海・南海地震等の発生も懸念される中、被災地のみならず津波による大きな被害が想定される地域においては、津波災害に強いまちづくりを進める必要がある。
　3）「津波防災まちづくり」の具体的な施策の検討に資するため、そのための社会資本整備のあり方、ハード・ソフト連携のあり方を整理して示す必要がある。

2　津波防災まちづくりについての考え方

○　津波災害に対しては、今回のような大規模津波災害が発生した場合でも、なんとしても人命を守るという考え方に基づき、ハード・ソフト施策の適切な組み合わせにより、減災（人命を守りつつ、被害を出来る限り軽減する）のための対策を実施する。

○　このうち、海岸保全施設等の構造物による防災対策については、社会経済的な観点を十分に考慮し、比較的頻度の高い一定程度の津波レベルを想定して、人命・財産や種々の産業・経済活動を守り、国土を保全することを目標とする。

○　以下のような新たな発想による津波防災まちづくりのための施策を計画的、総合的に推進する仕組みを構築する。
　1）地域ごとの特性を踏まえ、ハード・ソフトの施策を柔軟に組み合わせ、総動員させる「多重防御」の発想による津波防災・減災対策。
　2）従来の、海岸保全施設等の「線」による防御から、「面」の発想により、河川、道路や、土地利用規制等を組み合わせたまちづくりの中での津波防災・減災対策。
　3）避難が迅速かつ安全に行われるための、実効性のある対策。
　4）地域住民の生活基盤となっている産業や都市機能、コミュニティ・商店街、さらには歴史・文化・伝統などを生かしつつ、津波のリスクと共存することで、地域の再生・活性化を目指す。

○　防災・減災対策の計画や施設の設計にあたっては、被災時の事業継続及び迅速な応急対応や、被災後の国民生活と産業活動の早期復旧が可能なものとなるよう、

> 配慮することが重要。
> ○ 沿岸低平地の土地利用が多い我が国の特性を踏まえ、地域の特性に応じ、想定される津波被害に応じた適切な対策を講ずることで、津波災害に強い国土構造への再構築を目指す。

3 上記考え方に照らし今後解決すべき課題
(1) 国の役割
　① 国は、国土並びに国民の生命、身体及び財産を災害から保護する使命を有することに鑑み、国民の防災意識を高めるとともに、津波災害に強いまちづくりの推進を国の政策として確実に実施することを明確にするため、そのための制度的基盤を整備するとともに、その基本的な指針を、地方の実情を踏まえ、国が定めることとすべき。
　② 地域ごとの津波防災まちづくりの実施については市町村によることが基本だが、要請等を踏まえ、技術的な面については、都道府県とともに国が積極的に支援すべき。
(2) 災害に対する情報共有、相互意思疎通と、具体的な避難計画の策定等
　① 自助・共助・公助の考えのもと、それぞれの主体が日常的に防災・減災のための行動と安全のための投資を持続させることが重要。そこで、正しい防災知識を普及させ、例えば物資の備蓄や耐震補強など安全への投資に対するインセンティブが働くよう、防災教育の普及・啓発を推進すべき。
　② 地域ごとに津波防災の方針、避難人数、避難時間、避難路・避難場所等を想定した具体的な避難計画及び備蓄等の計画を検討すべき。
　③ 上記を推進するため、科学的知見に基づいて想定される津波浸水区域・浸水深等の設定、それに基づく津波ハザードマップの作成及び周知、避難をはじめとする防災訓練の実施、情報収集・伝達体制の確保、事業者ごとの避難計画の策定、地域が一体となった防災教育等を徹底・推進すべき。ハザードマップ等による津波危険性の住民への周知状況や訓練の実施状況の確認も適宜実施すべき。
　④ 上記を実行する際には、まちづくり、土地利用のあり方について、住民や行政などの関係者間で話し合いを進め、十分な合意形成を図ることが重要である。
　⑤ 津波検知システムや観測情報の伝達システムの高度化、避難誘導支援システム、施設の被害に関するモニタリング手法等に係る技術の開発、整備を推進すべき。
　⑥ 「災害には上限がない」ことを教訓に、本提言に示すような各種の対策を講じたとしても、油断せず、防災・減災のための取り組みを持続させることが重要で

参考資料

ある。
(3) 土地利用・建築構造規制
① 津波災害によるリスクを回避するために、津波災害により大きな被害を受けるおそれがある区域において建築に関する制限をするには、基本的な制度である建築基準法に基づく災害危険区域制度の活用を図ることが考えられる。
② 一方、土砂災害防止法（土砂災害警戒区域等における土砂災害防止対策の推進に関する法律）は、土砂災害の発生のおそれのある区域では警戒避難体制の整備、そのうち著しい危害を生じるおそれのある地域では、一定の開発行為に対する制限、建築物の構造規制等を行うなど、想定される災害の被害の度合いに応じた区域指定・解除や区域内での規制内容を法令に定めており、全国で20万箇所以上の指定実績がある。津波防災に関しても、これを参考にした制度導入を検討すべき。
③ 津波被害が想定される沿岸地域は、一般的に市街化が進んだ都市的機能が集中するエリアであることから、今後検討する土地利用規制については、一律的な規制でなく、立地場所の津波に対する安全度等を踏まえて、市街化や土地利用の現状、地域の再生・活性化の方向性を含めたまちづくりの方針など多様な地域の実態・ニーズに適合し、また、津波防災のための施設整備等の進捗状況に応じた見直し（解除や制限緩和等）も可能となるような制度とすることが求められる。
(4) 津波防災のための施設の整備等
① 海岸保全施設、港湾施設、河川管理施設等については、社会経済的な観点や、まちづくりやソフト施策との組み合わせを踏まえながら整備等を行う。その際には、施設に過度に依存した防災対策には限界があることを認識しつつ、低頻度ではあるが大規模な外力に対しても粘り強さを発揮する構造とすることについても検討すべき。
② 上記の海岸保全施設や港湾施設等による防御効果に加え、例えば、二線堤（浸水の拡大を防止する機能を持つ道路等の盛土等）、宅地、公共施設の盛土等、津波防護（津波被害の軽減）に寄与する施設を「津波防護施設（仮称）」として位置づけ、活用すること等について検討すべき。
③ 過去の津波災害でも高台への移転が行われ、一定の効果を上げた例があるが、被害が広範囲に渡る場合の移転先の高台には限りがあり、また、暮らしを元に戻すために平地を利用したまちづくりを求める意見も多い。そこで、津波防災まちづくりにおいては、防災・減災対策を充実させることはもちろん、地域コミュニティ・商店街や歴史・伝統・文化などを大切にしつつ、生活基盤となる住居や地域の産業、都市機能等が確保され、地域の再生と活性化が展望できるまちづくり

「津波防災まちづくりの考え方」

とすることが重要である。このため、例えば、公共公益施設・生活利便施設・交通インフラを含む市街地の整備・集団的移転や、住宅の中高層化、土地区画整理事業等における街区の嵩上げ、津波防災に資する緑地の整備などの手法についても、検討すべき。

④ (2)の具体的な避難計画等に基づき、安全で迅速な避難を可能とするため、ソフト施策の充実を図るとともに、それをハード面でも支援する避難路、避難場所等の計画的確保策を講ずべき。地域・地形条件等によっては避難時の自動車の利用も想定し、避難路やＩＣＴを十分活用した避難システムの整備を検討すべき。

⑤ 津波の被災によって、地域が相当の期間孤立することを防ぐことが重要であり、そのために、道路網や港湾等のネットワークとしての信頼性を評価し、選択的に対策を講じることが必要である。

(5) 早期の復旧・復興を図るための制度

① 被災地の早期復興に資する特例的施策（農地と住宅地の一体的整備に係る手続のワンストップ化、所有者の所在不明土地の取扱、復興を先導する拠点的な市街地の整備手法等）を検討し、今災害から速やかに適用すべき。

② 被災時のがれき処理の方法、仮設住宅の設置場所、物資の流通の確保のための方策等を事前に定める等、被災しても国民生活と産業活動の早期の復旧・復興を可能とする事前の取り組みを有効活用すべき。

③ 国土交通大臣がＴＥＣ－ＦＯＲＣＥの派遣等を通じて行っている被災状況調査、湛水排除等の被災地方公共団体への支援活動を引き続き円滑かつ確実に実施できるよう制度上も明確に位置づけることについて検討すべき。

(6) 津波防災まちづくりを計画的、総合的に推進するための仕組み

① 上記(1)〜(5)を含め、地域ごとの特性を踏まえ、津波防災・減災に関する多様な事業・施策を事業の縦割りを排して柔軟に組み合わせるとともに、国と地方公共団体とが適切に連携することで、「総力戦」により進めることが必要。そのため、従来の発想をこえて、津波防災・減災の事業・施策をまちづくりと一体となって実施することを可能とするような仕組みについて検討すべき。

② 具体的には、津波防災・減災に関する多様な事業・施策を、地域の特性、風土、実情に応じて選択し、地方公共団体の計画に位置づけることで、計画的、総合的に推進する仕組みとして検討すべき。また、今般の震災に関して、各地域間において高規格道路などにより連絡性を高め、地域間の連携と役割分担をしながら復興を進めることが重要である。

③ 今般の津波災害を踏まえ、今回の被災地以外でも津波により大きな被害を受け

参考資料

る可能性のある地域において、津波対策の実施状況等の点検を速やかに行うとともに、必要な対策を迅速に行うようにすべき。

4 持続可能で安全な国土や生活、地域等を維持するための社会資本整備のあり方に関する検討の視点

今回の大震災により、我が国は地震・津波の大きなリスクにさらされていること、何よりも社会資本整備の最も重要な使命が「国民の命と暮らしを守る」ことにあることを、国民の多くが改めて認識した。

また、個々の社会資本は、本来その施設が求められる機能を十分に発揮するだけでなく、他の施設やソフト施策との組み合わせにより、総合的かつ多様な効果を発揮することが期待される。

社会資本整備に求められる使命を十分に果たすためには、今後もこのような大災害が発生しうることを念頭に、津波対策の考え方の中で明らかにしてきた、低頻度で大規模な災害に対する「減災」の考え方について、他の災害対策にどのように反映されるか等について検討し、以下の視点から、限られた財源の中で最も合理的かつ効率的に、持続可能で安全な国土や生活、地域等を維持するための社会資本整備のあり方について検討すべきである。

なお、これらの取り組みを一過性でなく着実なものとするため、施策に位置づけて、計画的に推進することが必要である。

○ 災害への対応力を高めるための構造物の耐力向上

今後発生すると想定されている首都直下地震、東海・東南海・南海地震等の大規模地震や、台風等による風水害、土砂災害などの災害においても、大規模な被害の発生を防止するため、ソフト施策との連携を図りつつ、構造物の災害への対応力の向上などにより、強靱な国土基盤の構築を図ることが重要である。

そのため、個々の構造物について、その機能を十分に発揮し続けることができるよう適切に維持管理・更新を行うことが重要である。また、必要に応じて個々の構造物の耐震性・耐浪性を確保するほか、外力に対してできる限り粘り強く作用するよう検討すべきである。

○ 災害の発生により損なわれる機能をカバーするシステムの構築

今回の大震災のような未曾有の大災害が生じた場合であっても、国民の安全・安心を確保するためには、それぞれの機能に応じ、国土全体や、地域全体で支え合える体制を構築する等、災害に強いしなやかなシステムを持つ国土への再構築を図ることが重要である。

そのため、相互ネットワーク化を通じたバックアップ体制の強化に向け、特に

災害発生時の緊急輸送路等の確保に向けた代替性・多重性の確保について検討すべきである。また、避難や救援活動の拠点として、例えば道の駅やＳＡ／ＰＡ、駅前広場等を計画的、積極的に活用するための方策についても検討すべきである。

○ 地域の産業・経済を支える都市・交通基盤等の形成

地域の産業が甚大な被災を受けたことにより我が国産業全体ひいては世界へも影響が及んだ。従って、大災害による日本経済、国際競争力の低下を防止するため、インフラ整備全体の「選択と集中」を図る中で、我が国の基幹産業、地域産業を支える都市・交通基盤を災害に強いものにすることが重要である。

○ 災害に強く、暮らしの安全・安心を守り、環境と調和したまちづくりの実現

人口減少や高齢化の進展に伴い、地縁型のコミュニティが弱体化し、地域社会の防災力の低下が懸念される。そのため、高齢者等に配慮し、住民相互や地縁型コミュニティの中で助け合う共助を進められるよう、住民間の交流の場づくりや相互扶助など地域コミュニティを維持・再生し、住民相互のコミュニケーションを通じた防災意識の強化を図ることが重要である。

また、災害に強いまちづくりを進める際には、コンパクトなまちづくり、再生可能エネルギーの導入など低炭素社会の実現や、災害廃棄物のリサイクルなど循環型社会の実現、自然との調和などの視点のほか、日常生活を支えるモビリティの確保等にも十分配慮すべきである。

さらに、社会資本整備を効果的・効率的に進めるための取組として、以下の事項について留意する必要がある。

○ 地域主体の災害に強いまちづくり

社会資本の計画や整備にあたっては、地域住民、ＮＰＯなど、まちづくりの活動を行う主体と連携・協働して進める必要がある。

また、民間の能力・資金の活用についても積極的に検討する必要がある。

○ 防災技術に関する技術研究開発

今回の震災の教訓を踏まえ、ハード・ソフト両面で防災・減災効果の向上に資する技術研究開発を進めることが重要である。

計画部会では、「大震災を踏まえた今後の社会資本整備のあり方」について、今夏を目途に「中間とりまとめ」を行うこととしているが、上記の視点から、持続可能で安全な国土や生活、地域等を維持するための具体的な施策や事業について、今後の検討を進めることとする。

参考資料

〔参考3〕基本指針等

○津波防災地域づくりの推進に関する基本的な指針

〔平成24年1月16日 国土交通省告示第51号〕

　津波防災地域づくりに関する法律（平成23年法律第123号）第3条第1項の規定に基づき、津波防災地域づくりの推進に関する基本的な指針を次のように定めたので、同条第4項の規定に基づき公表する。

　　津波防災地域づくりの推進に関する基本的な指針
一　津波防災地域づくりの推進に関する基本的な事項
　1　津波防災地域づくりの推進に関する基本的な指針（以下「津波防災地域づくり基本指針」という。）の位置づけ

　　　平成23年3月11日に発生した東北地方太平洋沖地震は、我が国の観測史上最大のマグニチュード9.0という巨大な地震と津波により、広域にわたって大規模な被害が発生するという未曾有の災害となった。「災害には上限がない」こと、津波災害に対する備えの必要性を多くの国民があらためて認識し、最大規模の災害が発生した場合においても避難等により「なんとしても人命を守る」という考え方で対策を講ずることの重要性、歴史と経験を後世に伝えて今後の津波対策に役立てることの重要性などが共有されつつある。

　　　また、東海・東南海・南海地震など津波による大規模な被害の発生が懸念される地震の発生が高い確率で予想されており、東北地方太平洋沖地震の津波による被災地以外の地域においても津波による災害に強い地域づくりを早急に進めることが求められている。

　　　このような中、平成23年6月には津波対策に関する基本法ともいうべき津波対策の推進に関する法律（平成23年法律第77号）が成立し、多数の人命を奪った東日本大震災の惨禍を二度と繰り返すことのないよう、津波に関する基本的認識が示されるとともに、津波に関する防災上必要な教育及び訓練の実施、津波からの迅速かつ円滑な避難を確保するための措置、津波対策のための施設の整備、津波対策に配慮したまちづくりの推進等により、津波対策は総合的かつ効果的に推進されなければならないこととされた。また、国民の間に広く津波対策についての理解と関心を深めるようにするため、1854年に発生した安政南海地震の津波の際に稲に火を付けて

暗闇の中で逃げ遅れていた人たちを高台に避難させて救った「稲むらの火」の逸話にちなみ、11月5日を「津波防災の日」とすることとされた。

一方、これまで津波対策については、一定頻度の津波レベルを想定して主に海岸堤防等のハードを中心とした対策が行われてきたが、東北地方太平洋沖地震の経験を踏まえ、このような低頻度ではあるが大規模かつ広範囲にわたる被害をもたらす津波に対しては、国がその責務として津波防災及び減災の考え方や津波防災対策の基本的な方向性や枠組みを示すとともに、都道府県及び市町村が、津波による災害の防止・軽減の効果が高く、将来にわたって安心して暮らすことのできる安全な地域づくり（以下「津波防災地域づくり」という。）を、地域の実情等に応じて具体的に進める必要があると認識されるようになった。

このため、平成23年12月、津波による災害から国民の生命、身体及び財産の保護を図ることを目的として、津波防災地域づくりに関する法律（平成23年法律第123号。以下「法」という。）が成立した。

津波防災地域づくり基本指針は、法に基づき行われる津波防災地域づくりを総合的に推進するための基本的な方向を示すものである。

2　津波防災地域づくりの考え方について

津波防災地域づくりにおいては、最大クラスの津波が発生した場合でも「なんとしても人命を守る」という考え方で、地域ごとの特性を踏まえ、既存の公共施設や民間施設も活用しながら、ハード・ソフトの施策を柔軟に組み合わせて総動員させる「多重防御」の発想により、国、都道府県及び市町村の連携・協力の下、地域活性化の観点も含めた総合的な地域づくりの中で津波防災を効率的かつ効果的に推進することを基本理念とする。

このため、津波防災地域づくりを推進するに当たっては、国が、広域的な見地からの基礎調査の結果や津波を発生させる津波の断層モデル（波源域及びその変動量）をはじめ、津波浸水想定の設定に必要な情報提供、技術的助言等を都道府県に行い、都道府県知事が、これらの情報提供等を踏まえて、津波防災地域づくりを実施するための基礎となる法第8条第1項の津波浸水想定を設定する。

その上で、当該津波浸水想定を踏まえて、法第10条第1項のハード・ソフト施策を組み合わせた市町村の推進計画の作成、推進計画に定められた事業・事務の実施、法第5章の推進計画区域における特別の措置の活用、法第7章の津波防護施設の管理等、都道府県知事による警戒避難体制の整備を行う法第53条第1項の津波災害警戒区域（以下「警戒区域」という。）や一定の建築物の建築及びそのための開発行為の制限を行う法第72条第1項の津波災害特別警戒区域（以下「特別警戒区域」と

参考資料

いう。)の指定等を、地域の実情に応じ、適切かつ総合的に組み合わせることにより、発生頻度は低いが地域によっては近い将来に発生する確率が高まっている最大クラスの津波への対策を効率的かつ効果的に講ずるよう努めるものとする。

また、海岸保全施設等については、引き続き、発生頻度の高い一定程度の津波高に対して整備を進めるとともに、設計対象の津波高を超えた場合でも、施設の効果が粘り強く発揮できるような構造物の技術開発を進め、整備していくものとする。

これらの施策を立案・実施する際には、地域における創意工夫を尊重するとともに、生活基盤となる住居や地域の産業、都市機能の確保等を図ることにより、地域の発展を展望できる津波防災地域づくりを推進するよう努めるものとする。

また、これらの施策を実施するに当たっては、国、都道府県、市町村等様々な主体が緊密な連携・協力を図る必要があるが、なかでも地域の実情を最も把握している市町村が、地域の特性に応じた推進計画の作成を通じて、当該市町村の区域における津波防災地域づくりにおいて主体的な役割を果たすことが重要である。その上で、国及び都道府県は、それぞれが実施主体となる事業を検討することなどを通じて、積極的に推進計画の作成に参画することが重要である。

さらに、過去の歴史や経験を生かしながら、防災教育や避難訓練の実施、避難場所や避難経路を記載した津波ハザードマップの周知などを通じて、津波に対する住民その他の者(滞在者を含む。以下「住民等」という。)の意識を常に高く保つよう努めることや、担い手となる地域住民、民間事業者等の理解と協力を得るよう努めることが極めて重要である。

二　法第6条第1項の基礎調査について指針となるべき事項
　1　総合的かつ計画的な調査の実施
　　都道府県が法第6条第1項の基礎調査を実施するに当たっては、津波による災害の発生のおそれがある地域のうち、過去に津波による災害が発生した地域等について優先的に調査を行うなど、計画的な調査の実施に努める。
　　また、都道府県は、調査を実施するに当たっては、津波災害関連情報を有する国及び地域開発の動向をより詳細に把握する市町村の関係部局との連携・協力体制を強化することが重要である。
　2　津波による災害の発生のおそれがある地域に関する調査
　　津波による災害の発生のおそれがある地域について、津波浸水想定を設定し又は変更するために必要な調査として、次に掲げるものを行う。
　　ア　海域、陸域の地形に関する調査
　　　津波が波源域から海上及び陸上へどのような挙動で伝播するかについて、適切

津波防災地域づくりの推進に関する基本的な指針

　　に津波浸水シミュレーションで予測をするため、海底及び陸上の地形データの調査を実施する。

　　このため、公開されている海底及び陸上の地形データを収集するとともに、航空レーザ測量等のより詳細な標高データの取得に努めることとする。なお、広域的な見地から航空レーザ測量等については国が実施し、その調査結果を都道府県に提供する。これらに基づき、各都道府県において、地形に関する数値情報を構築した上で、津波浸水の挙動を精度よく再現できるよう適切な格子間隔を設定する。

　イ　過去に発生した地震・津波に係る地質等に関する調査

　　最大クラスの津波を想定するためには、被害をもたらした過去の津波の履歴を可能な限り把握することが重要であることから、都道府県において、津波高に関する文献調査、痕跡調査、津波堆積物調査等を実施する。

　　歴史記録等の資料を使用する際には、国の中央防災会議等が検討に当たって用いた資料や気象庁、国土地理院、地方整備局、都道府県等の調査結果等の公的な調査資料等を用いることとする。また、将来発生の可能性が高いとされた想定地震、津波に関する調査研究成果の収集を行う。

　　国土交通大臣においては、各都道府県による調査結果を集約し、津波高に関する断片的な記録を広域的かつ分布的に扱うことで、当該津波を発生させる断層モデルの設定に係る調査を今後継続的に行っていくものとする。

　ウ　土地利用等に関する調査

　　陸上に浸水した津波が、市街地等の建築物等により阻害影響を受ける挙動を、建物の立地など土地利用の状況に応じた粗度として表現し、津波浸水シミュレーションを行うため、都道府県において、土地利用の状況について調査を行い、既存の研究成果を用い、調査結果を踏まえた適切な粗度係数を数段階で設定する。

　　その際、建物の立地状況、建物の用途・構造・階数、土地の開発動向、道路の有無、人口動態や構成、資産の分布状況、地域の産業の状況等のほか、海岸保全施設、港湾施設、漁港施設、河川管理施設、保安施設事業に係る施設の整備状況など津波の浸水に影響のある施設の状況について調査・把握し、これらの調査結果を、避難経路や避難場所の設定などの検討の際の参考として活用することとする。

三　法第8条第1項に規定する津波浸水想定の設定について指針となるべき事項

　法第8条第1項に規定する津波浸水想定の設定は、基礎調査の結果を踏まえ、最大クラスの津波を想定して、その津波があった場合に想定される浸水の区域及び水深を

141

参考資料

設定するものとする。

　最大クラスの津波を発生させる地震としては、日本海溝・千島海溝や南海トラフを震源とする地震などの海溝型巨大地震があり、例えば、東北地方太平洋沖地震が該当する。

　これらの地震によって発生する最大クラスの津波は、国の中央防災会議等により公表された津波の断層モデルも参考にして設定する。

　中央防災会議等により津波の断層モデルが公表されていない海域については、現時点で十分な調査結果が揃っていない場合が多く、過去発生した津波の痕跡調査、文献調査、津波堆積物調査等から、最大クラスの津波高を推定し、その津波を発生させる津波の断層モデルの逆算を今後行っていくものとする。

　上記による最大クラスの津波の断層モデルの設定等については、高度な知見と広域的な見地を要することから、国において検討し都道府県に示すこととするが、これを待たずに都道府県独自の考え方に基づき最大クラスの津波の断層モデルを設定することもある。

　なお、最大クラスの津波について、津波の断層モデルの新たな知見が得られた場合には、適切に見直す必要がある。

　都道府県知事は、国からの情報提供等を踏まえて、各都道府県の各沿岸にとって最大クラスとなる津波を念頭において、津波浸水想定を設定する。その結果として示される最大の浸水の区域や水深は、警戒区域の指定等に活用されることから、津波による浸水が的確に再現できる津波浸水シミュレーションモデルを活用する必要がある。

　なお、津波浸水シミュレーションにより、津波が沿岸まで到達する時間が算定できることから、最大クラスの津波に対する避難時間等の検討にも活用できる。その際、最大クラスの場合よりも到達時間が短くなる津波の発生があることにも留意が必要である。

　津波浸水想定により設定された浸水の区域（以下「浸水想定区域」という。）においては、「なんとしても人命を守る」という考え方でハード・ソフトの施策を総合的に組み合わせた津波防災地域づくりを検討するため、東北地方太平洋沖地震の津波で見られたような海岸堤防、河川堤防等の破壊事例などを考慮し、最大クラスの津波が悪条件下において発生し浸水が生じることを前提に算出することが求められる。このため、悪条件下として、設定潮位は朔望平均満潮位を設定すること、海岸堤防、河川堤防等は津波が越流した場合には破壊されることを想定することなどの設定を基本とする。

　なお、港湾等における津波防波堤等については、最大クラスの津波に対する構造、

142

強度、減災効果等を考慮する必要があるため、当該施設に係る地域における津波浸水想定の設定に当たっては、法第８条第３項に基づき関係海岸管理者等の意見を聴くものとする。

　また、津波浸水想定は、建築物等の立地状況、盛土構造物等の整備状況等により変化することが想定されるため、津波浸水の挙動に影響を与えるような状況の変化があった場合には、再度津波浸水シミュレーションを実施し、適宜変更していくことが求められる。

　津波浸水想定の設定に当たっては、都道府県知事は、法第８条第２項に基づき、国土交通大臣に対して、必要な情報の提供、技術的助言その他の援助を求めることができるとしている。

　都道府県知事は、津波浸水想定を設定又は変更した場合には、法第８条第４項及び第６項に基づき、速やかに、国土交通大臣へ報告し、かつ、関係市町村長へ通知するとともに、公表しなければならないこととされている。

　津波浸水想定は、津波防災地域づくりの基本ともなるものであることから、公表にあたっては、都道府県の広報、印刷物の配布、インターネット等により十分な周知が図られるよう努めるものとする。

四　法第10条第１項に規定する推進計画の作成について指針となるべき事項
  1　推進計画を作成する際の考え方

　　推進計画を作成する意義は、最大クラスの津波に対する地域ごとの危険度・安全度を示した津波浸水想定を踏まえ、様々な主体が実施するハード・ソフト施策を総合的に組み合わせることで低頻度ではあるが大規模な被害をもたらす津波に対応してどのような津波防災地域づくりを進めていくのか、市町村がその具体の姿を地域の実情に応じて総合的に描くことにある。これにより、大規模な津波災害に対する防災・減災対策を効率的かつ効果的に図りながら、地域の発展を展望できる津波防災地域づくりを実現しようとするものであり、「一　津波防災地域づくりの推進に関する基本的な事項」に示した考え方を踏まえて作成するよう努めるものとする。

　　また、市町村が推進計画に事業・事務等を定める際には、都道府県が指定する警戒区域や特別警戒区域の制度の趣旨や内容を踏まえ、当該制度との連携や整合性に十分配意することによって、津波防災地域づくりの効果を最大限発揮できるよう努めるものとする。

　　津波防災地域づくりにおいては、地域の防災性の向上を追求することで地域の発展が見通せなくなるような事態が生じないよう推進計画を作成する市町村が総合的な視点から検討する必要があり、具体的には、推進計画は、住民の生活の安定や地

参考資料

域経済の活性化など既存のまちづくりに関する方針との整合性が図られたものである必要がある。このため、地域のあるべき市街地像、地域の都市生活、経済活動等を支える諸施設の計画等を総合的に定めている市町村マスタープラン（都市計画法（昭和43年法律第100号）第18条の2第1項の市町村の都市計画に関する基本的な方針をいう。以下同じ。）との調和が保たれている必要がある。また、景観法（平成16年法律第110号）第8条第1項に基づく景観計画その他の既存のまちづくりに関する計画や、災害対策基本法（昭和36年法律第223号）に基づく地域防災計画等とも相互に整合性が保たれるよう留意する必要がある。

　なお、隣接する市町村と連携した対策を行う場合等、地域の選択により、複数の市町村が共同で推進計画を作成することもできる。

2　推進計画の記載事項について
　ア　推進計画区域（法第10条第2項）について
　　　推進計画区域は、必ず定める必要がある事項であり、市町村単位で設定することを基本とするが、地域の実情に応じて柔軟に定めることができる。ただし、推進計画区域を定める際には、浸水想定区域外において行われる事業等もあること、推進計画区域内において土地区画整理事業に関する特例、津波避難建築物の容積率の特例及び集団移転促進事業に関する特例が適用されること、津波防護施設の整備に関する事項を推進計画に定めることができることに留意するとともに、推進計画に定める事業・事務の範囲がすべて含まれるようにする必要がある。
　イ　津波防災地域づくりの総合的な推進に関する基本的な方針（法第10条第3項第1号）について
　　　本事項は、推進計画の策定主体である市町村の津波防災地域づくりの基本的な考え方を記載することを想定したものである。また、津波浸水想定を踏まえ、様々な主体が実施する様々なハード・ソフトの施策を総合的に組み合わせ、市町村が津波防災地域づくりの姿を総合的に描くという推進計画の目的を達成するために必要な事項である。
　　　このため、推進計画を作成する市町村の概況（人口、交通、土地利用、海岸等の状況）、津波浸水想定により示される地域ごとの危険度・安全度、想定被害規模等について分析を行った上で、その分析結果及び地域の目指すべき姿を踏まえたまちづくりの方針、施設整備、警戒避難体制など津波防災・減災対策の基本的な方向性や重点的に推進する施策を記載することが望ましい。
　　　また、市町村の津波防災地域づくりの考え方を住民等に広く周知し、推進計画区域内で津波防災地域づくりに参画する公共・民間の様々な主体が、推進計画の

方向に沿って取り組むことができるよう、図面等で分かりやすく推進計画の全体像を示すなどの工夫を行うことが望ましい。
ウ　浸水想定区域における土地利用及び警戒避難体制の整備に関する事項（法第10条第3項第2号）について
　本事項は、推進計画と浸水想定区域における土地利用と警戒避難体制の整備に関する施策、例えば警戒区域や特別警戒区域の指定との整合的・効果的な運用を図るために必要な事項を記載することを想定したものである。
　都道府県知事が指定する警戒区域においては、避難訓練の実施、避難場所や避難経路等を定める市町村地域防災計画の充実などを市町村が行うことになり、一方、推進計画区域では、推進計画に基づき、避難路や避難施設等避難の確保のための施設の整備などが行われるため、これらの施策・事業間及び実施主体間の整合を図る必要がある。
　また、頻度が低いが大規模な被害をもたらす最大クラスの津波に対して、土地区画整理事業等の市街地の整備改善のための事業や避難路や避難施設等の避難の確保のための施設等のハード整備を行う区域、ハード整備の状況等を踏まえ警戒避難体制の整備を特に推進する必要がある区域、ハード整備や警戒避難体制の整備に加えて一定の建築物の建築とそのための開発行為を制限することにより対応する必要がある区域等、地域ごとの特性とハード整備の状況に応じて、必要となる手法を分かりやすく示しておくことが重要である。
　そこで、本事項においては、推進計画に定める市街地の整備改善のための事業、避難路や避難施設等の整備等に係る事業・事務と、警戒避難体制を整備する警戒区域や一定の建築物の建築とそのための開発行為を制限する特別警戒区域の指定などを、推進計画区域内において、地域の特性に応じて区域ごとにどのように組み合わせることが適当であるか、基本的な考え方を記載することが望ましい。また、これらの組み合わせを検討するに当たっては、津波浸水想定により示されるその地域の津波に対する危険度・安全度を踏まえるとともに、津波被害が想定される沿岸地域は市街化が進んだ都市的機能が集中するエリアであったり、水産業などの地域の重要な産業が立地するエリアであることも多いことから、市街化や土地利用の現状、地域の再生・活性化の方向性を含めた地域づくりの方針など多様な地域の実態・ニーズに適合するように努めるものとする。
エ　津波防災地域づくりの推進のために行う事業又は事務に関する事項（法第10条第3項第3号）について
　本事項は、推進計画の区域内において実施する事業又は事務を列挙することを

参考資料

想定したものである。

　法第10条第３項第３号イの海岸保全施設、港湾施設、漁港施設及び河川管理施設並びに保安施設事業に係る施設の整備に関する事項をはじめ、同号イからへまでに掲げられた事項については、一及び四．１に示した基本的な考え方を踏まえ、実施する事業等の全体としての位置と規模、実施時期、期待される効果等を網羅的に記載し、津波防災地域づくりの意義と全体像が分かるように記載することが望ましい。

　同号ロの津波防護施設は、津波そのものを海岸で防ぐことを目的とする海岸保全施設等を代替するものではなく、発生頻度が極めて低い最大クラスの津波が、海岸保全施設等を乗り越えて内陸に浸入するという場合に、その浸水の拡大を防止しようとするために内陸部に設ける施設である。このため、津波防護施設は、ソフト施策との組み合わせによる津波防災地域づくり全体の将来的なあり方の中で、当該施設により浸水の拡大が防止される区域・整備効果等を十分に検討した上で、地域の選択として、市町村が定める推進計画に位置づけ整備する必要がある。また、発生頻度が低い津波に対応するものであるため、後背地の状況等を踏まえ、道路・鉄道等の施設を活用できる場合に、当該施設管理者の協力を得ながら、これらの施設を活用して小規模盛土や閘門を設置するなど効率的に整備し一体的に管理していくことが適当である。なお、推進計画区域内の道路・鉄道等の施設が、人的災害を防止・軽減するため有用であると認めるときは、当該施設の所有者の同意を得て、指定津波防護施設に指定できることとしており、指定の考え方等については国が助言するものとする。

　同号ハの一団地の津波防災拠点市街地形成施設の整備に関する事業、土地区画整理事業、市街地再開発事業その他の市街地の整備改善のための事業は、津波が発生した場合においても都市機能の維持が図られるなど、津波による災害を防止・軽減できる防災性の高い市街地を形成するためのものであり、住宅、教育施設、医療施設等の居住者の共同の福祉又は利便のために必要な公益的施設、公共施設等の位置について十分勘案して実施する必要がある。「その他の市街地の整備改善のための事業」としては、特定利用斜面保全事業、密集市街地の整備改善に関する事業等が含まれる。また、同号ホにより、住民の生命、身体及び財産を保護することを目的に集団移転促進事業について定めることができ、推進計画に定めた場合には、津波による災害の広域性に鑑み、都道府県が計画の策定主体となることも可能である。

　同号ニの避難路、避難施設、公園、緑地、地域防災拠点施設その他の津波の発

生時における円滑な避難の確保のための施設は、最大クラスの津波が海岸保全施設等を乗り越えて内陸に来襲してきたときに、住民等の命をなんとしても守るための役割を果たすものであり、津波浸水想定を踏まえ、土地利用の状況等を十分に勘案して適切な位置に定める必要がある。また、警戒区域内では、法第56条第1項、第60条第1項及び第61条第1項に基づく指定避難施設及び管理協定の制度により、市町村が民間建築物等を避難施設として確保することができることから、当該制度の積極的な活用を図ることが適当である。特に、人口が集中する地域など多くの避難施設が必要な地域にあっては、指定避難施設等の制度のほか、法第15条の津波避難建築物の容積率規制の緩和などの支援施策を活用し、民間の施設や既存の施設を活用して、必要な避難施設を効率的に確保するよう努める必要がある。

　同号への地籍調査は、津波による災害の防止・軽減のための事業の円滑な施行等に寄与するために行うものであり、また、法第95条により、国は、推進計画区域における地籍調査の推進を図るため、その推進に資する調査を行うよう努めることとしている。

　同号トは、同号イからへまでに掲げられた事業等を実施する際に、民間の資金、経営能力等を活用するための事項を記載することを想定した項目である。例えば、民間資金等の活用による公共施設等の整備等の促進に関する法律（平成11年法律第117号）（ＰＦＩ法）に基づく公共施設の整備、指定管理者制度の活用等が考えられる。なお、具体的な事業名を記載することができない場合においても、民間資金等を積極的に活用するという方針そのものを掲げることも含めて検討することが望ましい。

　なお、法第5章第1節の土地区画整理事業に関する特例及び同章第3節の集団移転促進事業に関する特例を適用するためには、本事項に関係する事業を推進計画に記載する必要がある。

オ　推進計画における期間の考え方について

　津波防災地域づくりは、発生頻度は低いが地域によっては近い将来に発生する確率が高まっている最大クラスの津波に対応するものであるため、中長期的な視点に立ちつつ、近い将来の危険性に対しては迅速に対応するとともに、警戒避難体制の整備については常に高い意識を持続させていくことが必要である。

　このため、それぞれの対策に必要な期間等を考慮して、複数の選択肢の中から効果的な組み合わせを検討することが必要である。例えば、ハード整備に先行して警戒避難体制の整備や特別警戒区域の指定等のソフト施策によって対応すると

参考資料

いったことが想定される。

　なお、津波防災地域づくりを持続的に推進するため、推進計画には計画期間を設定することとしていないが、個々の施策には実施期間を伴うものがあるため、適時適切に計画の進捗状況を検証していくことが望ましい。

3　関係者との調整について

　推進計画を作成する際には、推進計画の実効性を確実なものとする観点から、計画に定めようとする事業・事務を実施することになる者と十分な調整を図るとともに、市町村マスタープランとの調和を図る観点から、当該市町村の都市計画部局と十分な調整を図る必要がある。事業・事務を実施することになる者の範囲については、推進計画の策定主体である市町村において十分に検討し、協議等が必要となるかどうか当事者に確認することが望ましい。

　また、推進計画を作成しようとするときには、津波防災地域づくりの推進のための事業・事務等について、推進計画の前提となる津波浸水想定の設定や、推進計画と相まって津波防災地域づくりの推進を図る警戒区域及び特別警戒区域の指定を行う都道府県と協議を行う必要がある。なお、この場合には、第10条第5項及び第11条第2項第2号の都道府県には都道府県公安委員会も含まれていることに留意が必要である。

　法第10条第6項から第8項までの規定は、海岸保全施設、港湾施設、漁港施設、河川管理施設、保安施設事業に係る施設等の施設について、市町村と、これらの施設の関係管理者等との調整方法について定めている。その趣旨は、津波防災地域づくりを円滑に推進する観点から、関係する施設の管理者が作成する案に基づくこととし、市町村の方針とこれらの施設の事業計画との調整を図ろうというものである。各施設の管理者は、予算上の制約や隣接する地域の事情、関係する事業との関係等を総合的に勘案して事業計画を作成する必要があるが、市町村から申出があった場合には可能な限り尊重することが求められるものである。

4　協議会の活用について

　関係者との調整を円滑かつ効率的に行うため、法第11条第1項の協議会の活用を検討することが望ましい。特に、複数の市町村が共同で作成する場合には、協議会を活用する利点は大きいと考えられる。

　また、協議会には、学識経験者、住民の代表、民間事業者、推進計画に定めようとする事業・事務の間接的な関係者（例えば、兼用工作物である津波防護施設の関係者）等、策定主体である市町村が必要と考える者を構成員として加えることができる。

津波防災地域づくりの推進に関する基本的な指針

五　警戒区域及び特別警戒区域の指定について指針となるべき事項
　1　警戒区域及び特別警戒区域の位置づけ
　　　警戒区域は、最大クラスの津波が発生した場合の当該区域の危険度・安全度を津波浸水想定や法第53条第2項に規定する基準水位により住民等に「知らせ」、いざというときに津波から住民等が円滑かつ迅速に「逃げる」ことができるよう、予報又は警報の発令及び伝達、避難訓練の実施、避難場所や避難経路の確保、津波ハザードマップの作成等の警戒避難体制の整備を行う区域である。
　　　また、特別警戒区域は、警戒区域のうち、津波が発生した場合に建築物が損壊・浸水し、住民等の生命・身体に著しい危害が生ずるおそれがある区域において、防災上の配慮を要する住民等が当該建築物の中にいても津波を「避ける」ことができるよう、一定の建築物の建築とそのための開発行為に関して建築物の居室の高さや構造等を津波に対して安全なものとすることを求める区域である。
　　　なお、これらの区域の指定は、推進計画に定められたハード施策等との整合性に十分に配意して行う必要がある。
　2　警戒区域の指定について
　　　警戒区域は、最大クラスの津波に対応して、法第54条に基づく避難訓練の実施、避難場所や避難経路等を定める市町村地域防災計画の拡充、法第55条に基づく津波ハザードマップの作成、法第56条第1項、第60条第1項及び第61条第1項に基づく指定及び管理協定による避難施設の確保、第71条に基づく防災上の配慮を要する者等が利用する施設に係る避難確保計画の作成等の警戒避難体制の整備を行うことにより、住民等が平常時には通常の日常生活や経済社会活動を営みつつ、いざというときには津波から「逃げる」ことができるように、都道府県知事が指定する区域である。
　　　このような警戒区域の指定は、都道府県知事が、津波浸水想定を踏まえ、基礎調査の結果を勘案し、津波が発生した場合には住民等の生命又は身体に危害が生ずるおそれがあると認められる土地の区域で、当該区域における人的災害を防止するために上記警戒避難体制を特に整備すべき土地の区域について行うことができるものである。警戒区域における法第53条第2項に規定する基準水位（津波浸水想定に定める水深に係る水位に建築物等への衝突による津波の水位の上昇を考慮して必要と認められる値を加えて定める水位）は、指定避難施設及び管理協定に係る避難施設の避難上有効な屋上その他の場所の高さや、特別警戒区域の制限用途の居室の床の高さの基準となるものであり、警戒区域の指定の際に公示することとされている。これについては、津波浸水想定の設定作業の際に併せて、津波浸水想定を設定する

149

参考資料

ための津波浸水シミュレーションで、想定される津波のせき上げ高を算出しておき、そのシミュレーションを用いて定めるものとし、原則として地盤面からの高さで表示するものとする。

　警戒区域の指定に当たっては、法第53条第3項に基づき、警戒避難体制の整備を行う関係市町村の長の意見を聴くこととされているが、警戒避難体制の整備に関連する防災、建築・土木、福祉・医療、教育等の関係部局、具体の施策を実施する市町村、関係者が緊密な連携を図って連絡調整等を行うとともに、指定後においても継続的な意思疎通を図っていくことが必要である。

　なお、警戒区域内における各種措置を効果的に行うために、市町村長等が留意すべき事項については、以下のとおりである。

ア　市町村地域防災計画の策定

　　市町村防災会議（市町村防災会議を設置しない市町村にあっては、当該市町村の長）は、法第54条により、市町村地域防災計画に、警戒区域ごとに、津波に関する予報又は警報の発令及び伝達、避難場所及び避難経路、避難訓練等、津波による人的災害を防止するために必要な警戒避難体制に関する事項について定めることとなるが、その際、高齢者等防災上の配慮を要する者への配慮や住民等の自主的な防災活動の育成強化に十分配意するとともに、避難訓練の結果や住民等の意見を踏まえ、適宜適切に実践的なものとなるよう見直していくことが望ましい。また、特に、地下街等又は防災上の配慮を要する者が利用する施設については、円滑かつ迅速な避難の確保が図られるよう、津波に関する情報、予報又は警報の発令及び伝達に関する事項を定める必要がある。

イ　津波ハザードマップの作成

　　市町村の長は、法第55条により、市町村地域防災計画に基づき、津波に関する情報の伝達方法、避難施設その他の避難場所及び避難路その他の避難経路等、住民等の円滑な警戒避難を確保する上で必要な事項を記載した津波ハザードマップを作成・周知することとなるが、その作成・周知に当たっては、防災教育の充実の観点から、ワークショップの活用など住民等の協力を得て作成し、説明会の開催、避難訓練での活用等により周知を図る等、住民等の理解と関心を深める工夫を行うことが望ましい。また、津波浸水想定や市町村地域防災計画が見直された場合など津波ハザードマップの見直しが必要となったときは、できるだけ速やかに改訂することが適当である。併せて、市町村地域防災計画についても、必要な事項は平時から住民等への周知を図るよう努めるものとする。

ウ　避難施設

津波防災地域づくりの推進に関する基本的な指針

　　法第56条第1項の指定避難施設は、津波に対して安全な構造で基準水位以上に避難場所が配置等されている施設を、市町村長が当該施設の管理者の同意を得て避難施設に指定し、施設管理者が重要な変更を加えようとするときに市町村長への届出を要するもの、法第60条第1項又は第61条第1項の管理協定による避難施設は、市町村と上記と同様の基準に適合する施設の施設所有者等又は施設所有者等となろうとする者が管理協定を締結し、市町村が自ら当該施設の避難の用に供する部分の管理を行うことができるものである。

　　これらの避難施設は、津波浸水想定や土地利用の現況等地域の状況に応じて、住民等の円滑かつ迅速な避難が確保されるよう、その配置、施設までの避難経路・避難手段等に留意して設定することが適当である。また、避難訓練においてこれらの避難施設を使用するなどして、いざというときに住民等が円滑かつ迅速に避難できることを確認しておく必要がある。なお、法第15条の容積率の特例の適用を受ける建築物については、当該指定又は管理協定の制度により避難施設として位置づけることが望ましい。

　エ　避難確保計画

　　避難促進施設（市町村地域防災計画に定められた地下街等又は一定の防災上の配慮を要する者が利用する施設）の所有者又は管理者は、法第71条第1項により、避難訓練その他当該施設の利用者の津波の発生時における円滑かつ迅速な避難の確保を図るために必要な措置に関する計画（避難確保計画）を作成することとなるが、市町村長は、当該所有者又は管理者に対して、避難確保計画の作成や避難訓練について、同条第3項に基づき、助言又は勧告を行うことにより必要な支援を行うことが適当である。

3　特別警戒区域の指定について

　　特別警戒区域は、都道府県知事が、警戒区域内において、津波から逃げることが困難である特に防災上の配慮を要する者が利用する一定の社会福祉施設、学校及び医療施設の建築並びにそのための開発行為について、法第75条及び第84条第1項に基づき、津波に対して安全なものとし、津波が来襲した場合であっても倒壊等を防ぐとともに、用途ごとに定める居室の床面の高さが基準水位以上であることを求めることにより、住民等が津波を「避ける」ため指定する区域である。

　　また、法第73条第2項第2号に基づき、特別警戒区域内の市町村の条例で定める区域内では、津波の発生時に利用者の円滑かつ迅速な避難を確保できないおそれが大きいものとして条例で定める用途（例えば、住宅等の夜間、荒天時等津波が来襲した時間帯等によっては円滑な避難が期待できない用途）の建築物の建築及びその

参考資料

ための開発行為について、法第75条及び第84条第2項に基づき、上記と同様、津波に対して安全なものであること、並びに居室の床面の全部又は一部の高さが基準水位以上であること（建築物内のいずれかの居室に避難することで津波を避けることができる。）又は基準水位以上の高さに避難上有効な屋上等の場所が配置等されること（建築物の屋上等に避難することで津波を避けることができる。）のいずれかの基準を参酌して条例で定める基準に適合することを地域の選択として求めることができる。

　このような特別警戒区域は、都道府県知事が、津波浸水想定を踏まえ、基礎調査の結果を勘案し、警戒区域のうち、津波が発生した場合には建築物が損壊し、又は浸水し、住民等の生命又は身体に著しい危害が生ずるおそれがあると認められる土地の区域で、上記の一定の建築物の建築及びそのための開発行為を制限すべき土地の区域について指定することができるものである。その指定に当たっては、基礎調査の結果を踏まえ、地域の現況や将来像等を十分に勘案する必要があるとともに、法第72条第3項から第5項までの規定に基づき、公衆への縦覧手続、住民や利害関係人に対する意見書提出手続、関係市町村長の意見聴取手続により、地域住民等の意向を十分に踏まえて行うことが重要であり、また、住民等に対し制度内容の周知、情報提供を十分に行いその理解を深めつつ行うことが望ましい。

　また、その検討の目安として、津波による浸水深と被害の関係について、各種の研究機関や行政機関等による調査・分析が行われており、これらの結果が参考になる。なお、同じ浸水深であっても、津波の到達時間・流速、土地利用の状況、漂流物の存在等によって人的災害や建物被害の発生の程度が異なりうることから、地域の実情や住民等の特性を踏まえるよう努める必要がある。

　特別警戒区域の指定に当たっては、制限の対象となる用途等と関連する都市・建築、福祉・医療、教育、防災等の関係部局、市町村や関係者が緊密な連携を図って連絡調整等を行うとともに、指定後においても継続的な意思疎通を図っていくことが必要である。

4　警戒区域及び特別警戒区域の指定後の対応

　警戒区域及び特別警戒区域を指定するときは、その旨や指定の区域等を公示することとなるが、津波ハザードマップに記載するなど様々なツールを活用して住民等に対する周知に万全を期するよう努めるものとする。

　また、地震等の影響により地形的条件が変化したり、新たに海岸保全施設や津波防護施設等が整備されたりすること等により、津波浸水想定が見直された場合など、警戒区域又は特別警戒区域の見直しが必要となったときには、上記の指定の際と同様の考え方により、これらの状況の変化に合わせた対応を図ることが望ましい。

○津波浸水想定を設定する際に想定した津波に対して安全な構造方法等を定める件

〔平成23年12月27日〕
〔国土交通省告示第1318号〕

　津波防災地域づくりに関する法律施行規則（平成23年国土交通省令第99号）第31条第1号及び第2号の規定に基づき、津波浸水想定を設定する際に想定した津波に対して安全な構造方法等を次のように定める。

　津波防災地域づくりに関する法律施行規則（平成23年国土交通省令第99号）第31条第1号及び第2号の規定に基づき、津波浸水想定を設定する際に想定した津波の作用に対して安全な構造方法並びに地震に対する安全上地震に対する安全性に係る建築基準法（昭和25年法律第201号）並びにこれに基づく命令及び条例の規定に準ずる基準を次のように定める。

第一　津波防災地域づくりに関する法律施行規則（以下「施行規則」という。）第31条第1号に規定する津波浸水想定（津波防災地域づくりに関する法律（平成23年法律第123号）第8条第1項に規定する津波浸水想定をいう。以下同じ。）を設定する際に想定した津波（以下単に「津波」という。）の作用に対して安全な構造方法は、次の第1号及び第2号に該当するものとしなければならない。ただし、特別な調査又は研究の結果に基づき津波の作用に対して安全であることが確かめられた場合にあっては、これによらないことができる。

一　次のイからニまでに定めるところにより建築物その他の工作物（以下「建築物等」という。）の構造耐力上主要な部分（基礎、基礎ぐい、壁、柱、小屋組、土台、斜材（筋かい、方づえ、火打材その他これらに類するものをいう。）、床版、屋根版又は横架材（はり、けたその他これらに類するものをいう。）で、建築物等の自重若しくは積載荷重、積雪荷重、風圧、土圧若しくは水圧又は地震その他の震動若しくは衝撃を支えるものをいう。以下同じ。）が津波の作用に対して安全であることが確かめられた構造方法

　　イ　津波の作用時に、建築物等の構造耐力上主要な部分に生ずる力を次の表に掲げる式によって計算し、当該構造耐力上主要な部分に生ずる力が、それぞれ建築基準法施行令（昭和25年政令第338号）第3章第8節第4款の規定による材料強度によって計算した当該構造耐力上主要な部分の耐力を超えないことを確かめること。

参考資料

ただし、これと同等以上に安全性を確かめることができるときは、この限りでない。

荷重及び外力について想定する状態	一般の場合	建築基準法施行令第86条第2項ただし書の規定により特定行政庁（建築基準法第2条第35号に規定する特定行政庁をいう。）が指定する多雪区域における場合	備考
津波の作用時	G＋P＋T	G＋P＋0.35S＋T	建築物等の転倒、滑動等を検討する場合においては、津波による浮力の影響その他の事情を勘案することとする。
		G＋P＋T	

この表において、G、P、S及びTは、それぞれ次の力（軸方向力、曲げモーメント、せん断力等をいう。）を表すものとする。
　G　建築基準法施行令第84条に規定する固定荷重によって生ずる力
　P　建築基準法施行令第85条に規定する積載荷重によって生ずる力
　S　建築基準法施行令第86条に規定する積雪荷重によって生ずる力
　T　ロに規定する津波による波圧によって生ずる力

ロ　津波による波圧は、津波浸水想定に定める水深に次の式に掲げる水深係数を乗じた高さ以下の部分に作用し、次の式により計算するものとしなければならない。

$qz = pg(ah - z)$

　　この式において、qz、p、g、h、z及びaは、それぞれ次の数値を表すものとする。
　　　qz　津波による波圧（単位　1平方メートルにつきキロニュートン）
　　　p　水の単位体積質量（単位　1立方メートルにつきトン）
　　　g　重力加速度（単位　メートル毎秒毎秒）
　　　h　津波浸水想定に定める水深（単位　メートル）
　　　z　建築物等の各部分の高さ（単位　メートル）

津波浸水想定を設定する際に想定した津波に対して安全な構造方法等を定める件

　　　　　a　水深係数（3とする。ただし、他の施設等により津波による波圧の軽減が見込まれる場合にあっては、海岸及び河川から500メートル以上離れているものについては1.5と、これ以外のものについては2とする。）

　ハ　ピロティその他の高い開放性を有する構造（津波が通り抜けることにより建築物等の部分に津波が作用しない構造のものに限る。）の部分（以下この号において「開放部分」という。）を有する建築物等については、当該開放部分に津波による波圧は作用しないものとすることができる。

　ニ　開口部（常時開放されたもの又は津波による波圧により破壊され、当該破壊により建築物等の構造耐力上主要な部分に構造耐力上支障のある変形、破壊その他の損傷を生じないものに限り、開放部分を除く。以下この号において同じ。）を有する建築物等について、建築物等の各部分の高さにおける津波による波圧が作用する建築物等の部分の幅（以下この号において「津波作用幅」という。）にロの式により計算した津波による波圧を乗じた数値の総和（以下この号において「津波による波力」という。）を用いてイの表の津波による波圧によって生ずる力を計算する場合における当該津波による波力を計算するに当たっては、次の(1)又は(2)に定めるところによることができる。この場合において、これらにより計算した当該津波による波力を用いてイの表の津波による波圧によって生ずる力を計算するに当たっては、建築物等の実況を考慮することとする。

　　(1)　津波作用幅から開口部の幅の総和を除いて計算すること。ただし、津波作用幅から開口部の幅の総和を除いて計算した津波による波力を、津波作用幅により計算した津波による波力で除して得た数値が0.7を下回るときは、当該数値が0.7となるように津波作用幅から除く開口部の幅の総和に当該数値に応じた割合を乗じて計算することとする。

　　(2)　津波による波圧が作用する建築物等の部分の面積（以下この号において「津波作用面積」という。）から開口部の面積の総和を除いた面積を津波作用面積で除して得た数値を乗じて計算すること。ただし、当該数値が0.7を下回るときは、当該数値を0.7として計算することとする。

二　次のイからハまでに該当する構造方法
　イ　前号に定めるところによるほか、津波の作用時に、津波による浮力の影響その他の事情を勘案し、建築物等が転倒し、又は滑動しないことが確かめられた構造方法を用いるものとすること。ただし、地盤の改良その他の安全上必要な措置を講じた場合において、建築物等が転倒し、又は滑動しないことが確かめられたときは、この限りでない。

参考資料

　　　ロ　津波により洗掘のおそれがある場合にあっては、基礎ぐいを使用するものとすること。ただし、地盤の改良その他の安全上必要な措置を講じた場合において、建築物等が転倒し、滑動し、又は著しく沈下しないことが確かめられたときは、この限りでない。
　　　ハ　漂流物の衝突により想定される衝撃が作用した場合においても建築物等が容易に倒壊、崩壊等するおそれのないことが確かめられた構造方法を用いるものとすること。
第二　施行規則第31条第2号に規定する地震に対する安全上地震に対する安全性に係る建築基準法並びにこれに基づく命令及び条例の規定に準ずる基準は、建築物の耐震改修の促進に関する法律（平成7年法律第123号）第4条第2項第3号に掲げる建築物の耐震診断及び耐震改修の実施について技術上の指針となるべき事項に定めるところにより耐震診断を行った結果、地震に対して安全な構造であることが確かめられることとする。

　　　附　則
この告示は、公布の日から施行する。

津波防災地域づくり法
ハンドブック

2012年2月29日　第1版第1刷発行

編　集	大 成 出 版 社 編 集 部
発行者	松　林　久　行
発行所	株式会社 大成出版社

東 京 都 世 田 谷 区 羽 根 木 1 ― 7 ― 11
〒156-0042　電　話(03)3321―4131(代)
http://www.taisei-shuppan.co.jp/

Ⓒ2012　大成出版社　　　　　　　　　　　　印刷　亜細亜印刷
　　　　　　落丁・乱丁はお取替えいたします
　　　　　　　　ISBN 978-4-8028-3048-5